U0142193

GeoGebra
幾何與代數的美麗邂逅 第二版

羅驥韡 著

五南圖書出版公司 印行

推薦序

　　從自己開始學 GeoGebra 到製作教學課件應用到與許多朋友分享製作心得的過程中，最常聽到的一句話是：「國內有沒有 GeoGebra 的書」。這個問題在我收到驥韡老師的一封電子郵件的附件檔後，終於讓我驚喜的找到了答案，能先看到這本大家所期待的作品是何其榮幸！但是更令人訝異的是竟然要我為本書寫【序】，我苦苦思索到底該如何完成此重大的任務呢？

　　本應在此向大家提示此書一些重點精華的導讀及推介，但是這些介紹對此書來說都似乎是多餘，因為驥韡老師在本書的內容中把 GeoGebra 這個軟體的歷史背景、安裝、使用功能等，已經是既清楚又詳細的介紹了。我又怎忍心去剝奪大家親身體會及發現驚喜的權利呢？

　　但是這樣不是太不負責嗎？因此只能說：「我推薦一位具有高度的電腦資訊能力及多年的數學教學經驗，再加上多年製作 GeoGebra 的例題及提供 GeoGebra 的祕技在網路上與大家分享，參與翻譯 GeoGebra 中文化經驗的驥韡老師，相信沒有人比他更了解且適合寫 GeoGebra 的書了」。

　　剩下就是需要大家趕快翻開後面內容，按照驥韡老師提供的武功秘笈修練打通學習 GeoGebra 的任督二脈吧！

官長壽

2013.03

推薦序

自 序

　　2001 年開始，一位年輕的奧地利數學家 Markus Hohenwarter 發明了一個數學動態幾何的開放軟體：GeoGebra。從這一年開始，老師們使用幾何軟體的習慣就註定產生決定性的變化了。

　　早年，只要是提到「動態幾何軟體」這個名詞，數學老師們無非是想到了美國人開發的 Geometer's Sketchpad 或是法國人開發的 Cabri 等等軟體，但近年來，情況已經開始漸漸改變，就是因為 GeoGebra！

　　相對於前兩套需要付費的軟體來說，GeoGebra 提供了更優質的選擇，它完全免費，不只如此，它所展現出來的質感，不只沒有遜色於其他軟體，反而可說更優於它們，因此以「動態幾何軟體」來說，GeoGebra 可以說是目前的第一選擇！

　　但在數年前，在師大物理系黃坤福教授還未引進此套軟體之時，國內可說沒有什麼人知道這套軟體，數學老師間知道者恐怕也只在少數。有鑑於此，筆者透過與黃教授的聯繫，參與了此套軟體的中文化，後來又有師大數學系左台益教授師生的參與推廣，因此 GeoGebra 的知名度逐漸在台灣的數學界中打開。再加上多年來筆者也在自己設立的「學習 GeoGebra」網站中分享了不少的範例與許多的可用資源，承蒙五南出版社不棄，於去年（2012年）與筆者接觸，希望能出版一本有關 GeoGebra 的工具書，我想國內也剛好缺少這樣的入門書，所以就欣然應允，希望此書的出版，能讓更多的學生與老師們在使用此軟體時更容易入手。

　　寫作期間，這套軟體仍為 4.0 版，但完稿後，官方已經將正式版升級為 4.2 版，因此如果讀者使用最新的版本時，有部分的介面與書中

的描述會有些微差異，還請讀者們體察。另外，由於篇幅的關係，本書並不會涉及 GeoGebra 的功能中較進階的部份，譬如利用 GeoGebra Script、JavaScript、Python 等等程式語言來控制幾何物件，或匯出網頁、上傳 GGB 檔到 GeoGebraTube 等等功能，讀者們如想更上層樓，可至官方線上說明或討論區尋找更多的學習資源。

　　寫作期間感謝陽明高中數學科同仁們的情義相挺，尤其是羅瑞珍、張幸倍、楊森吉、邱嘉芳等老師，代理我的暑假輔導課，讓我可以專心寫作，不致於延誤截稿時間，萬分感謝！最後感謝家人的體諒，讓我無後顧之憂，可以順利完成此書。

台北市立陽明高中數學科

羅驥韡

2013.03.30

自序

目　錄

目
錄

目
錄

Part I

認識 GeoGebra

第一章　GeoGebra 是什麼？

這就是 GeoGebra！

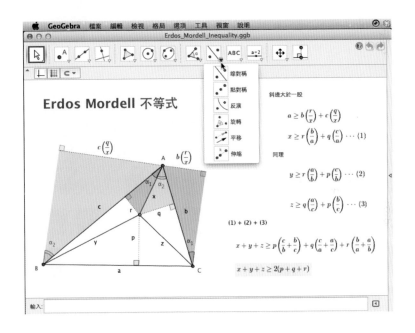

　　一套可以讓我們畫出任何幾何圖形、幫助我們計算推理、讓老師們可以用來講解艱難的數學概念、讓學生們可以不用再買任何圓規或直尺的軟體，更棒的是——它是一套自由軟體，我們完全不需花費任何一毛錢，就可以經由網路直接下載使用，非常適合每個人使用，尤其是在校的老師與學生們。

　　它的設計者是一位活潑有為的年輕奧地利數學教授——馬可仕（Markus Hohenwarter）。他在 2001 年開始發展此軟體，當時他在

Part I 認識 GeoGebra

奧地利的薩爾茨堡大學[1]做研究，後來陸續在美
國佛羅里達亞特蘭提克大學[2]與佛羅里達州立大
學[3]持續研發此案。

　　目前馬可仕已回奧地利的林茨大學[4]，而 Geo-
Gebra 也成為一個由人數眾多的跨國團隊所共同
開發的軟體，並且擁有無數協助翻譯成各國語言
的翻譯志工。以下是開發團隊的部分主要成員：

註：1. University of Salzburg

　　2. Florida Atlantic University, 2006-2008

　　3. Florida State University , 2008-2009

　　4. University of Linz

根據設計者本人的說法：

GeoGebra = Geometry + Algebra

也就是「幾何加代數」的意思，意味著它同時擁有處理幾何繪圖與代數計算的能力。然而，發展到現在，這套軟體可以處理的問題，已經不只是幾何與代數而已。

由於 GeoGebra 是利用 Java 語言所設計的，而 Java 本身是一種跨平台的語言，所以 GeoGebra 幾乎可以在所有的電腦上執行，例如：Windows、Mac、Linux 等。

近年來，由於平板與手機的盛行，所以它也可以安裝在 iPhone、iPad 或是 Android 系統。

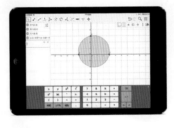 

1-1 如何安裝？

如何安裝？

首先，進入 GeoGebra 官網：www.geogebra.org，

然後按上面的「下載」連結，就會來到以下畫面中的網頁：

　　進入這個「下載」頁面後，這時就可以根據自己的系統（桌機、平板、手機）來選擇你要安裝的版本。

1-2　它可以做什麼？

　　GeoGebra 的用途可以說是非常廣泛的，下面我列舉一些方向：

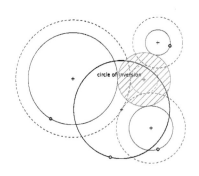

幾何作圖：不僅可以完全取代傳統尺規作圖，更勝於傳統尺規作圖的是——GeoGebra 的圖檔是可以動態改變的。

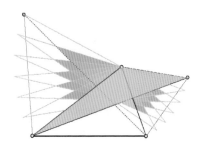

研究工具：透過改變幾何物件的位置、大小、形狀，或者改變某些變數，讓我們可以將 GeoGebra 當做是研究幾何性質的完美工具。

製作文稿：老師們做數學講義、出考卷，學生們寫報告，都可以利用 GeoGebra 來製作精美圖案，讓自己的文件看起來更專業。

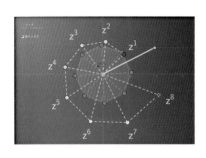

教學輔助：利用 GeoGebra 的動態圖形，老師們可以在上課時，用來解說傳統黑板不容易傳達的觀念。

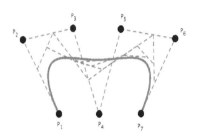

函數圖形：GeoGebra 擁有優秀的函數、方程式、參數式的處理能力，更能畫出它們的美麗圖形。

矩陣運算：由於 GeoGebra 具有矩陣運算的能力，所以讓我們可以處理更高階的數學。

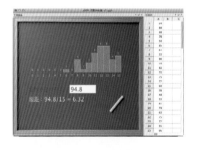

資料分析：GeoGebra 亦有試算表，也能處理統計資料，畫出統計圖表。

機率模擬：由於 GeoGebra 有模擬亂數的功能，讓我們可以設計隨機事件，傳達機率的概念。

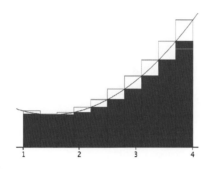

微積分：因為 GeoGebra 可以做微分與積分，所以也非常適合大學生使用。

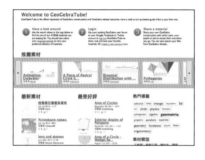

分享檔案：我們可以將做好的檔案上傳到 GeoGebra Tube 中，與大家分享自己的設計成果。

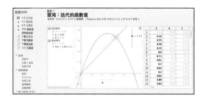

動態網頁：我們甚至於可以將做好的檔案嵌入網站中，讓自己的網站也擁有可以動的圖形喔！

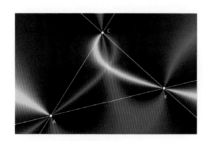

藝術設計：除了做為數學的工具，我們也可以發揮自己的藝術天分，利用 GeoGebra 來設計一些充滿設計感的圖形。

第一章　GeoGebra 是什麼？

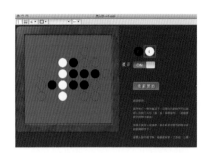

遊戲設計：由於我們可以利用 GeoGebra Script、JavaScript 等語言來控制圖中的物件,因此 GeoGebra 也可以拿來設計遊戲。

動畫設計：我們可以利用時間參數來控制圖中的每個物件在某時刻的精確位置,因此可以拿來做動畫設計。

　　如果我們發揮創意,相信可以做出來的東西,應該不止於上述的這些案例。

Part I

認識 GeoGebra

第二章　使用者介面

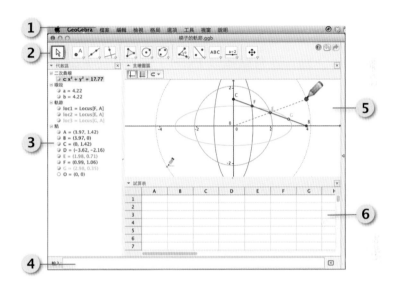

現在我們先帶大家來「熟悉一下環境」：

1. **「功能表」**：這是每個軟體都會有的部分，檔案的新增、開啟與
   儲存主要就是透過這個功能表來實現。
2. **「工具列」**：畫點、線、圓等等，各類的工具都藏在這一排裡
   面，也是我們剛開始使用 GeoGebra 時最主要的得力助手。
3. **「代數區」**：我們所畫的每個物件，不管是我們主動幫它取名
   字，或是 GeoGebra 自動幫它取名字，都會出現在這一區。因為除
   了物件名稱會出現在這裡之外，它們所內含的數值、方程式、定
   義等等，也會出現在這裡，所以這一區才稱為「代數區」。
4. **「指令列」**：這裡可是高手專區喔！進階使用者可以利用下指令

的方式來完成所有的畫圖動作，厲害的還可以連一個工具按鈕都不用喔！如果要將 GeoGebra 的能力發揮到淋漓盡致，學會利用指令，可是必要條件喔！

5. **「繪圖區」**：這裡就是 GeoGebra 的主戰場了，我們畫的幾何物件主要就是呈現在這裡。

6. **「試算表」**：這一區有點類似 Excel，但不同於 Excel 的是——這裡的儲存格除了可以放數值之外，也可以放點、線、圓等等，簡單的說，GeoGebra 能畫什麼，這裡的儲存格就能放什麼，功能可是超強喔！

　　下面我們就慢慢為大家介紹：這些 GeoGebra 各個不同的部分，到底該如何操作。

　　首先，讓我們從「繪圖區」開始吧！

2-1　繪圖區

　　繪圖區自己有一個專屬的小工具列，如果我們按一下繪圖區左上角[1]的「三角形」小按鈕，它就會跑出來。

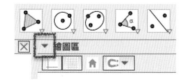

　　這個小工具列主要是用來快速調整繪圖區或所選物件的屬性。它所呈現的樣子，會根據你所選的物件而有所不同，不過大致上有

註：1. GeoGebra 4.2 版已將此三角形按鈕放至「左上角」。

下列幾種功能：

1. 整個座標系的設定

　　　　　　此按鈕用來控制是否要顯示「座標軸」。

　　　　　　此按鈕用來控制是否要顯示「格線」。

當我們畫一個新的點時，如果此點夠靠近格線，此按鈕可用來控制是否要將此點吸附在格線上。

· 自動：當「座標軸」或「格線」有打開時，才會吸附。

· 吸附至格線：不管「座標軸」或「格線」是否有打開，只要點靠得夠接近格線，就會吸附。

· 固定至格線：不管「座標軸」或「格線」是否有打開，所畫的點都一定落在格子點上，而且就算你事後移動它，它還是只會在格子點上跑而已。

· 關閉：沒有任何吸附功能。

2. 選物件的設定

　　　　　　設定諸如點或線等物件的「顏色」。

　　　　　　設定「點的樣式」與「大小」。

這個按鈕可以設定物件的「標記方式」。

假設我們有一個點 A = (1,2)，則選擇：

· 隱藏：在繪圖區中，A 點不會有任何標記。

· 名稱：A 點旁邊會有標記文字「A」。

· 名稱與數值：A 點旁邊會標記「A＝(1,2)」。

· 數值：A 點旁邊會標記「(1,2)」。

· 標籤文字：顯示其「屬性」中所設定的標籤文字。有關物件的「屬性」，請參考後面的章節。

· 此按鈕可設定「線條樣式」與「線條粗細」。

· 常用於線段、直線、向量、多邊形的邊、圓、曲線等線型物件。

· 此按鈕可設定「填充顏色」與「填滿比例」。

· 常用於多邊形、圓、圓錐曲線、不等式等具有內部區域的圖形。

· 若「填滿」設為 0，則會變成完全透明，也就看不到它，但事實上它還是存在的喔！

3. 針對「文字」物件，也有其專屬設定

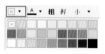

· 此可設定文字物件的「背景色」。

· 第一個「x」為不設定背景色。

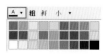

· 此可設定文字本身的「顏色」。

・這裡則是文字的「粗體」、「斜體」、「字體大小」等設定。

・只有當目前所選的物件為「文字物件」時，這些工具才會跑出來喔！

・後面我們會對「文字物件」作更詳細的說明。

　　在繪圖區中，一般常用的操作方式，不外乎就是對整個座標系做平移、縮放等功能，以下是它們的操作方式：

・**平移繪圖區**：按住「滑鼠左鍵」拖曳空白處，可以平移整個座標系。

・**縮放座標軸**：用「Shift+滑鼠左鍵」拖曳 x 軸或 y 軸，就可以改變它的刻度比例。

・**縮放繪圖區**：用滑鼠的「滾輪」可以縮放整個座標系。

・**縮放繪圖區**：快速鍵「Ctrl +/-」也可以縮放整個座標系，功能類似滑鼠滾輪。

・**選取繪圖區內的物體**：如果用「滑鼠右鍵」拖曳出一個方框，就可以選取在這個區域內的物件大該區域。

　　當我們改變了座標系的比例或位置，但事後又要變回預設的比例，這時只要在繪圖區空白處按滑鼠右鍵，然後選「標準比例（1：1）」即可。

2-2　物件操作方式

　　我們在 GeoGebra 中所畫的任何東西，都稱為「物件」，對這些物件，基本操作方式不外乎就是「新增、選取、刪除、複製、移動、復原、改變屬性」等等。我們先來討論如何新增物件：

2-2-1　新增物件

利用「工具列」上的按鈕，直接在繪圖區中產生新的物件，是最自然的方法。

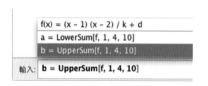

我們也可以利用「指令列」下達 GeoGebra 指令，來產生新的物件。

甚至於可以使用更進階的程式碼來產生新的物件。目前支援的程式碼有 GeoGebra Script、JavaScript 兩種。

　　在本書中，我們大部分會使用工具列上的按鈕來新增物件，有些地方會使用指令列來輸入 GeoGebra 指令，至於其他程式碼的部分，由於難度較高，不在本書討論的範圍。

2-2-2　選取物件

　　有時候，我們要執行某些動作之前，必須先告知 GeoGebra 我們要對哪些物件做這個動作，這時知道如何選取物件就變得很重要了，下面就是選取物件的主要方式：

選取一個或多個物件：

・先點選「移動」工具，也就是俗稱的「箭頭」工具，然後使用滑鼠選取物件。

・假如想要同時選取多個物件，可以用滑鼠右鍵在繪圖區中拉出一個選取方塊，放開滑鼠鍵，然後所有在選取方塊內的物件都會被選取。

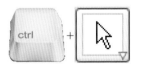

個別選取多個物件：這個「Ctrl＋箭頭工具」快速鍵，可以用於繪圖區、代數區、物件屬性視窗，甚至是試算表中。使用的時候，只要分別點選你要的物件即可。

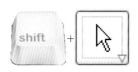

塊狀選取多個物件：「Shift+箭頭工具」雖然也是可以同時選取多個物件，但是跟上面的快速鍵不一樣的是，它不能用於繪圖區中，在其他的代數區、試算表、屬性視窗中使用的時候，只要先選第一個，再選最後一個，在這兩個物件之間的所有物件會被自動選取。

2-2-3　刪除物件

當我們選取了一些物件之後，直接按鍵盤上的「Del」刪除鍵，就可以刪除物件。

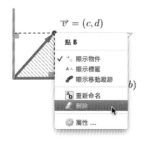

利用滑鼠右鍵打開快顯功能表，裡面也有「刪除」物件的選項。

注意：如果有一個物件，不管你怎麼刪都刪不掉，按什麼鍵都沒有用，這時請打開該物件的「屬性」視窗，檢查看看其中的「固定物件」這個選項有沒有被勾選：

　　這個選項一旦勾選後，我們就沒有辦法移動它、刪除它，因此，如果要刪除這種固定物件，一定要先將這個選項取消，才有辦法刪除它喔！

2-2-4　複製物件

只要先選取我們要複製的物件，然後按「Ctrl+C」，就可以複製物件。我們可以只選一個物件，也可以一次框選多個物件[1]。

複製完後，再按「Ctrl+V」進入「貼上」模式，這時只要在繪圖區空白處按一下，就可以貼入原先複製的物件了[2]。

註：1. 我們也可以選擇「編輯」功能表中的「複製」。
　　2. 也可以使用「編輯」功能表中的「貼上」。

2-2-5　移動物件

- 一般說來，當我們移動繪圖區中的物件時，當然是使用移動物件專用的「箭頭」工具最方便了。我們只要使用箭頭工具來拖曳我們想要拖曳的物件就行了。
- 如果你要一次同時拖曳許多個物件的話，記得要先將它們框選起來喔！
- 如果我們要微調某個物件的位置時，譬如說某個點，這時我們可以利用「箭頭」工具點選它，然後再利用鍵盤上的「上、下、左、右」鍵來微調。

2-2-6　復原編輯

- 有時作圖難免會犯一些小錯，這時只要按「Ctrl+Z」就可以復原上一個動作。
- 「編輯」功能表中也有「復原」這個選項。

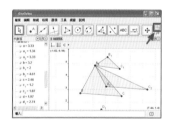

在視窗的右上角也有一個「復原」的按鈕。

2-2-7　重新命名

如果想要更改物件的名稱，只要在此物件上按「滑鼠右鍵」，選擇「重新命名」，然後輸入新的名稱就可以了（如右圖）。

2-2-8　命名規則

　　當我們以指令列輸入指令的方式來新增物件的時候，有時候會因為名稱「大小寫」的關係，而產生不同種類的物件。

　　另外，有關「方程式」、「函數」等等比較特殊的物件，其命名的方式也有不同，請看以下的範例解說。

物件	命名規則	範例
點	以「大寫」表示。	・A = (2, 4) 用「大寫」開頭的座標，會產生一個「點」。
向量	以「小寫」表示。	・v = (1, 3) 用「小寫」開頭的座標，會產生一個「向量」。
方程式 不等式	在名稱後面加冒號「:」。 這個命名規則適用於直線、圓、圓錐曲線與其他方程式，也可以用於不等式。	・直線 g：y = x + 3 ・圓 c:(x-1)^2+(y-2)^2=4 ・雙曲線 h: x^2 – y^2=2 ・不等式 d: x + y > 1

（續）

物件	命名規則	範例
函數	用標準的數學函數符號就可以，請看右邊的範例。	f(x) = 2x + 3 g(t) = t^2 - t + 2 h(a)=2*sin(a)+3*cos(a)

注意：

1. 函數的變數符號可以用任意的字母，不一定要用 x。

2. 在函數的定義中，如果你所用的變數符號與現有的另一個物件名稱如果雷同，那麼這兩個名稱之間「沒有任何關連」。

 例如：如果我們有函數 f(a)=2a+3，但同時又有 a=5 這個變數，這時 f(a) 中的 a 與 a=5 的 a 沒有任何關係。事實上，f(a) 中的 a 與其他任何變數都沒有關係，這種變數有時我們稱為「呆變數」。

3. 假設我們已經有一個數值 a = 3，另外又定義了函數：

 f(x) = a^2 + 2a + 3，則此時這兩個 a 是同一個變量，因為我們在定義 f 時，使用了 f(x)，也就是說我們宣告了函數的變數為 x，但等號右邊卻用到 a，所以這個 a 並不是函數的變數，而是其他已知的變量。

4. 若不手動輸入物件名稱，GeoGebra 將依字母排序自動命名。

5. 可以使用「底線」讓物件名稱產生下標：例如：輸入「A_1」可得「A₁」、輸入「S_{AB}」可得「S_{AB}」。注意：後面這個例子中的「大括號」不可省略，否則如果你輸入「S_AB」，會變成這樣：「$S_A B$」，只有 A 在下標，B 沒有！

2-2-9　重新定義

在 GeoGebra 中，根據物件的內含值能不能被自由更改，分為兩種：一種稱為「自變物件」，另一種稱為「應變物件」，其中可以自由更改內含值的是「自變物件」，而「應變物件」則是由「自變物件」產生而來的子物件，所以這種物件不能自由更改內含值，而是要由產生它的母物件的值來決定它自己的值。

要改變自變物件內含值或定義，有以下幾種方法：

使用指令列：在指令列直接輸入物件名稱與新的數值。

例如：若想將數值 a 從 3 更改為 5，只要在指令列輸入 a = 5，然後按「Enter」鍵即可。

使用代數區：請使用「箭頭」工具，並且在代數區的物件上點兩下，即可開始編輯物件的數值或定義，確定後按「Enter」即可。

使用屬性視窗：你可以利用功能表「編輯／屬性」打開物件屬性視窗，在其「一般」頁面中，更改其「定義」欄位，也可以變更此物件的內含值或定義。

使用繪圖區：在繪圖區中，選擇「箭頭」工具，然後在任意物件上點兩下，就會出現一個重新定義視窗，從這裡也可以重新定義物件。

第二章 使用者介面

注意：當物件改變時，有以下幾點請注意：

1. 若直接更改自變物件的數值，則應變物件的數值也會跟著相關的母物件更改。

2. 當要更改構圖時，重新定義物件是一個非常靈活的技巧，甚至於有時如果我們圖畫錯了，也可以利用重新定義來修正我們的幾何圖形。當我們改變物件定義時，這些改變也可能會影響整個圖形所包含的物件在「構圖按本」中的構圖排序。有關「構圖按本」的細節，請參閱後面的「構圖按本」章節。

3. 「固定物件」無法重新定義，也無法刪除。若要重新定義這種物件，必須先到此物件的屬性視窗中，取消「固定物件」這個選項。

　　下面我們實際舉一些例子來說明如何變更物件的定義，其中有些步驟會用到「指令」，如果你一時還不能了解這種作法，沒關係，等熟悉之後再回頭來看這一段就行了。

範例2-①：

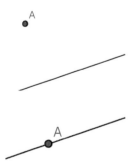

將一個自由點放到一條直線上

假設現在在繪圖區中有一個自由點 A、一條直線 a。

輸入：　　請在指令列中輸入：A = Point[a]

然後按「Enter」，這時A就會變為線上的一點。

　注意：如果我們要讓這個範例中的點再度脫離直線，變回自由點，只要再將它重新定義成一個任意的座標就可以了，

比方說我們在指令列中再輸入：「A=(1,2)」，這時A點就會脫離直線，再度回復自由之身。

範例2-②：

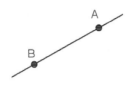

讓 AB「直線」變成 AB「線段」。

假設現在繪圖區中有一條直線 a 通過 A 與 B 兩點。

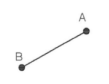

輸入： 請在指令列中輸入：a = Segment[A,B]

然後按「Enter」，這時直線就會變為線段。

接下來，我們帶大家瀏覽一遍工具列上有哪些工具可用。

2-3　內建工具

內建工具通常位於繪圖區上方，如果萬一你找不到它，請到功能表「檢視／版面…」，然後勾選「顯示」工具列。

2-3-1　抽屜式按鈕

　　工具列上的每個按鈕都是「抽屜式」的按鈕，也就是每個按鈕裡面都藏有其他按鈕，我們只要在每個按鈕右下角的「小三角形」上按一下，或在按鈕上長按滑鼠，就可以打開這些按鈕抽屜，然後你就會看到裡面所藏的其他按鈕了。

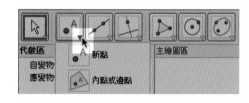

2-3-2　工具提示

　　如果我們到功能表的「檢視／版面…」，勾選「顯示工具列說明」，這時工具列右方就會出現簡短的說明，告訴我們此工具要如何操作。

　　當我們對 GeoGebra 還不熟悉的時候，這個溫馨小功能可是非常管用的喔！只要我們對工具的操作有懷疑的時候，別忘了看一下這裡，說不定你就會想起來正確的操作方式。

　　下面開始為大家一一介紹各類的內定工具：

2-3-3 　箭頭類工具

移動工具：這個就是俗稱的「箭頭」工具，當我們要選擇物件或移動物件時，通常都先切換到這個工具。因為它太常用到了，所以它有個快速鍵「Esc」，在鍵盤的左上方。不管你正在使用哪個工具，只要按「Esc」，就會馬上回到此工具。

2-3-4 　點類工具

　　這類的工具主要跟產生「新點」、「動點」、「邊點」、「內點」、「中點」，甚至是「複數」座標等等跟「點」有關的工具。

1. 新點

只要在繪圖區空白處按一下，就會產生一個新的自由點。

但是，如果你刻意按在線段、直線、多邊形、圓錐曲線、函數或曲線等等物件上，則會在該物件上產生一個動點，除了在該物件上，它並不能自由移動到其他地方去。

另外，如果你在兩物件交會處按一下，則會產生交點 ，這樣的功能跟下面的「交點」工具是一樣的！

2.  內點或邊點

當我們用滑鼠點在多邊形的邊或圓周上時，會產生一個「邊點」，這種點只能在物件的周邊上活動。如果你用上面的「新點」工具在多邊形的邊上點一下，這時得到的點，只會在你點的那一邊上移動，並不會繞整個多邊形跑喔！

另外，如果你點在多邊形、圓、不等式等等有內部的物件內時，會產生一個「內點」，這種點只會在物件內部跑，不會跑出物件外。

 注意：如果你要畫「圓的內點」，必須要先將圓的「填滿」屬性調高到 0 以上才行，這時圓內部有塗上顏色之後，才能用這個工具喔！

3. 附著、脫離點

此工具也有兩個功能，就是將一個自由點附著到某個物件的「周邊」或「內部」，或者將一個附著在其他物件上的點釋放，讓它變成一個自由點。

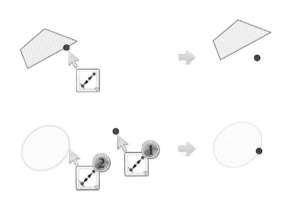

首先，如果你用這個工具點一個附著在其他物件上的點時，這個點就會馬上被釋放，從此恢復自由之身。

再來，如果你用滑鼠點在一個自由點上，然後馬上再點另一個物件的邊或內部時，這個自由點就會附著到你點的邊或內部上，從此被剝奪自由！

 注意：如果你要製作一個能繞多邊形一周的「邊點」，請用上一個工具。

4.  交點

此工具可產生兩物件的交點[1]。它有兩種方式用法：

Step 1. 用滑鼠先後點選兩相交物件，這時 GeoGebra 就會儘可能畫出兩物件的所有交點。

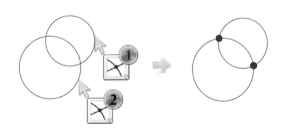

註：1. 對於線段、射線、或弧等等有範圍的線型物件，可以指定 GeoGebra 是否要畫出這些物件延伸處的交點，這樣的功能對某些特殊的作圖非常有用。

Step 2. 用滑鼠直接按在兩物件的某個交點上，這樣做只產生一個交點。

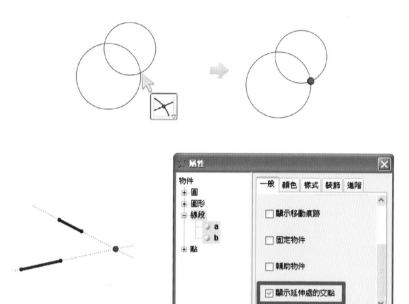

5.  中心點

Step 1. 用滑鼠先後點選線段兩頂點，就會畫出中點。

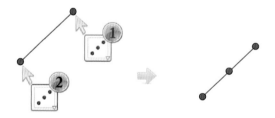

Step 2. 直接點選線段，也會得到中點。

Step 3. 點選圓、橢圓、雙曲線，可得中心點（圓心）。

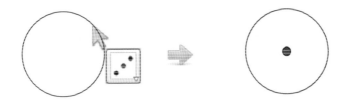

6. 　複數

這個工具就是「新點」工具，只是用「複數」的外表而已。用這個工具在繪圖區空白處點一下，就會產生一個新點，但是它不是用點座標的方式來表示，而是用「複數」，GeoGebra 對複數運算的支援非常完整，詳細的用法，請看後面「複數」章節。

2-3-5　線類工具

　　這類工具可以畫出「直線」、「射線」、「折線」、「線段」、「向量」等等的「線型」幾何物件。

1. 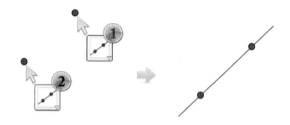 直線

只要用滑鼠直接點選兩個點，就會畫出通過此兩點的直線。

2. 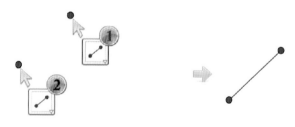 線段

也是選兩個點，就會畫出連接兩點的線段。

3.  線段（指定長度）

用此工具選一個起點，然後在跳出的視窗中輸入線段長。

4.  射線

這自然是選兩點，然後就畫出以第一個點為起點、通過第二個點的射線囉！

5. 折線

這個工具可以畫出通過數個點的折線。比方說我們要畫出通過 ABCD 的折線，我們自然要點選 ABCD 這四個點，最後還要再點一下起點，這樣 GeoGebra才知道我們已經選完點了。

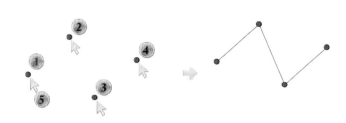

6.  向量

選一個起點、一個終點，就會畫出一個向量。

7. 向量（指定起點與方向）

指定一個起點與另一個向量。

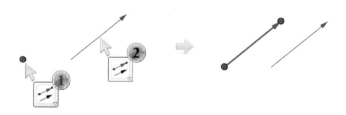

2-3-6　作圖類工具

　　所有常見的基本幾何作圖，都可以在這類工具找到，它們有
「平行線」、「垂直線」、「角平分線」、「切線」等等「線型」
物件，甚至也有比較特殊的「軌跡」工具，可以畫出各類的曲線。

1. 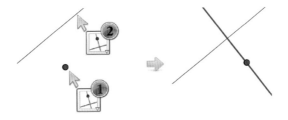 垂直線

選取一直線和一點，就會產生通過此點且垂直此線的垂直線。

2. 平行線

選取一直線和一點，就會產生通過此點的平行線。

3.  中垂線

Step 1. 選一線段

Step 2. 或選兩點

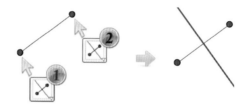

4.  角平分線

選取三點 A、B、C，並畫出∠B的角平分線。這個方法只會畫出一條角平分線。

選取兩條線。此方法會畫出兩條角平分線。

5.  切線

選取點及圓錐曲線，就會產生通過此點的所有切線。

選取一線及一圓錐曲線，就會產生平行此線的所有切線。

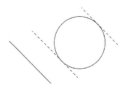

選取兩個圓，這時會畫出這兩個圓的所有公切線。

選取一個點 A 及一函數 f，可產生 f 在 x = x(A) 的切線[1]。

6. 徑線或極線

- 選取一點及圓錐曲線，畫出「極線」。
- 一般說來，由一個點做兩條切線到圓錐曲線上時，會產生兩個切點，這兩個切點的連線就是「極線」。

註：1. x(A) 為 A 點的 x 座標。一般說來，A 點不需在函數上，但若 A 點在函數圖形上，則切線會通過 A 點。

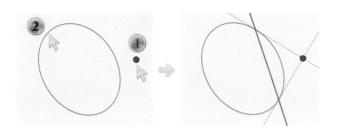

　　上圖中的切線只是為了讓大家方便了解「極線」的意義，真正作圖時並不會出現。

・選取直線（或向量）及圓錐曲線以畫出「徑線」。
・如果畫出平行於指定的直線、又切於圓錐曲線的兩條切線，會產生兩個切點，這兩點的連線就是徑線。

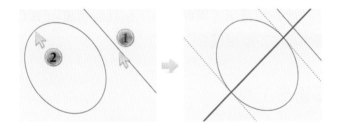

　　作圖時，圖中的切線並不會出現。

7. 最適直線（迴歸線）

利用滑鼠框選一些點，然後再按此按鈕，就會產生一條通過這些點的「最適直線」。

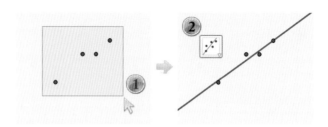

· 或點選某個點集合

假設在代數區中已經有一個點集合

$$s = \{A,B,C,D\}$$

這時我們只要利用此工具點選此集合，就會畫出通過這個點集合的「最適直線」。

8.  軌跡

　　如果我們要觀察一個點 B 如何隨著點 A 而動，我們可以按此工具，然後先點選 B，再點選 A，這樣就會畫出 B 的軌跡（注意：點選的順序不能相反）[1]。

2-3-7　多邊形工具

註：1. A 點本身必須在某個線型物件上才行（例如：直線、線段、圓等等）。更多的詳情請參閱後面的「軌跡」章節。

1.  多邊形

選取三個以上的點就可以做出一個多邊形。比方說我們要畫多邊形ABCD，這時你要依序點選ABCD這四個點，最後再點選第一個點 A。

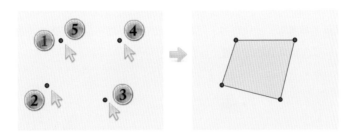

注意：

- 不管你畫幾邊形，最後都要回到第一個點才行。
- 這裡畫的多邊形不一定是「凸多邊形」，如果邊有交叉也沒關係。

2.  正多邊形

選取兩頂點，然後在跳出的視窗中輸入邊數。

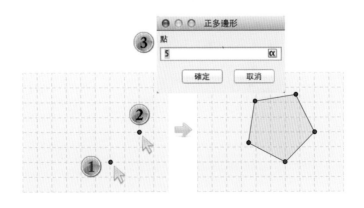

注意：此工具會以你所選的兩點為基準，「逆時針」繞一圈。
所以如果你使用此工具時，發現畫出來的方向不是你要
的，請記得將你的點選順序顛倒過來。

3. 剛體多邊形

這個工具與「多邊形」工具類似，只是它畫出來的多邊形的形狀與大小都是固定的，
我們無法任意改變其頂點的位置。

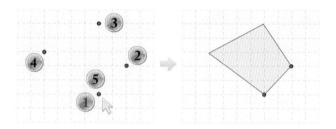

4. 向量多邊形

這個工具也與「多邊形」工具類似，它的頂點也可以任意拉動，唯一的不同是：當我
們拖曳我們點選的第一個頂點時，整個多邊形會平移，而不是該頂點移動而已。

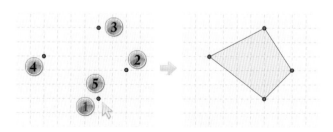

2-3-8　圓類工具

此類的工具可以讓我們畫出「圓」、「圓弧」與「扇形」。

1. 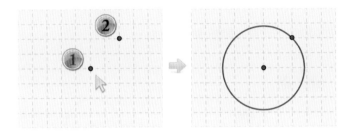 圓（先點選圓心，再點選另一點）

2. 圓（指定圓心與半徑數值）

取圓心後，然後在跳出的視窗中輸入半徑。

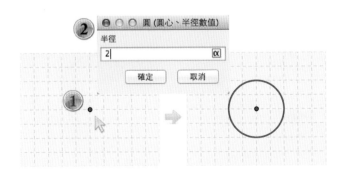

3. 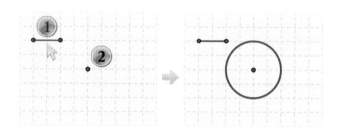 圓（指定圓心、半徑線段）

　　Step 1. 先選一線段作半徑，再選一點作圓心。

　　Step 2. 或先選兩點作半徑，再選一點作為圓心。

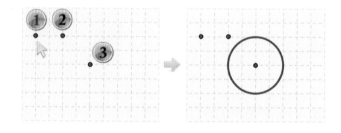

4. 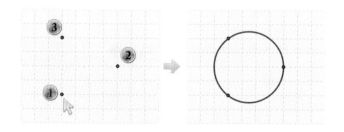 圓（過三點）[1]

註：1. 若這三點剛好在同一直線上，此圓將退化成直線。

5.  半圓（過兩點）

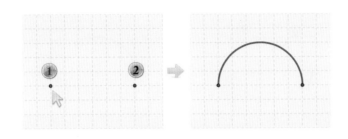

　　注意：跟「多邊形」工具所繞的方向不同，此工具是以「順時針」的方式來畫半圓。

6. 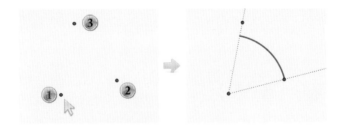 圓弧（指定圓心與兩點）

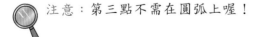

　　注意：第三點不需在圓弧上喔！

7. 圓弧（過三點）

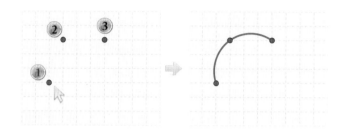

8. 扇形（指定圓心與兩點）

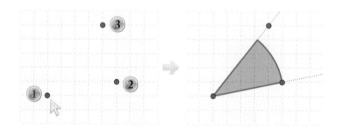

9. 扇形（過三點）

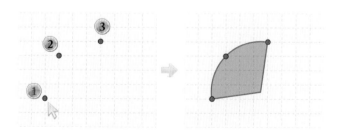

2-3-9 圓錐曲線工具

1. 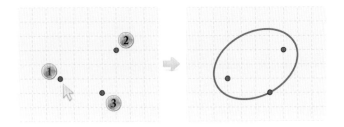 橢圓

前兩點為橢圓的焦點，橢圓會通過第三個點。

2. 雙曲線

前兩點為雙曲線的焦點，雙曲線會通過第三個點。

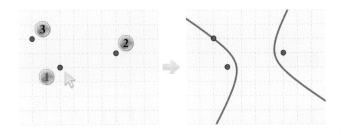

3. 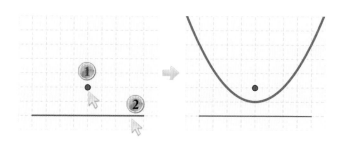 拋物線

選一點當焦點，再選一條線當準線（選線段也可以），就可以畫出一條拋物線。

4. 圓錐曲線（過五點）

依序點選五個點，就會產生通過此五點的圓錐曲線[1]。

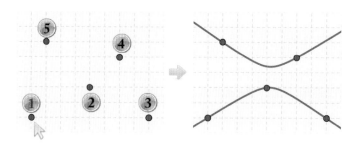

2-3-10　度量工具

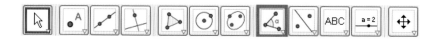

註：1. 若五個點中有四點落在同一直線時，此圓錐曲線會變成「無定義」物件。

此類的工具主要是用來度量幾何物件的「數值大小」，例如：角度、長度、面積、斜率等等。除了度量之外，它們通常也會在繪圖區中畫出相對的圖形。

1. ▨ 「角度」工具

Step 1. 選取三點，並畫出第二點的夾角。

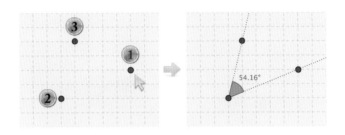

Step 2. 選取兩線段，並畫出夾角。此夾角會畫在兩線段延長的交會處！

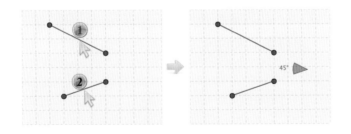

Step 3. 點選兩直線。這個夾角也會畫在兩直線的交會處。

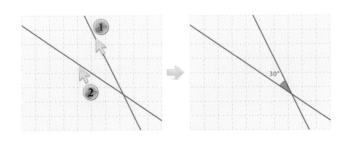

點選兩向量。此夾角會畫在第一個向量的起點處。

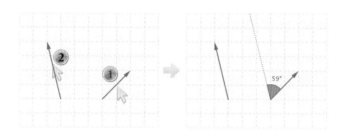

在多邊形內部點一下,畫出所有內角。

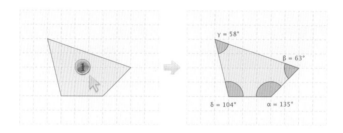

比較特別的是:如果當初多邊形的頂點是以「順時針」的方式繞一圈的話,這時畫出來的角度都會跑到外面喔[1]!

___

註:1. 角度通常是以「逆時針」的方式產生的,因此選取物件的順序與所產生的角度是相關的。如果希望產生的角度不要超過 180° 的話,請在該角度「屬性」視窗的「一般」頁面中,選擇「角度介於 0°到180°」的選項。

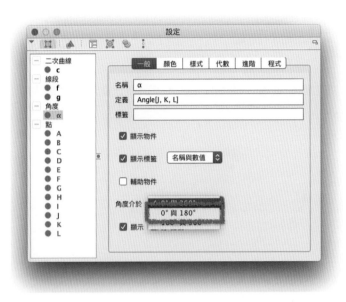

2. 畫「指定角」

先選取兩點，然後在出現的視窗中輸入角度值。

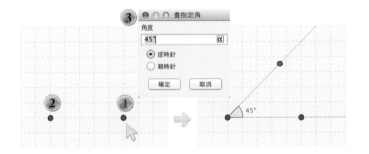

注意：此工具的角度會畫在「第二個點」上。

3. ▢ 兩點間的距離

Step 1. 兩直線間的距離：測量兩條直線時，其距離只會出現在代數區中。

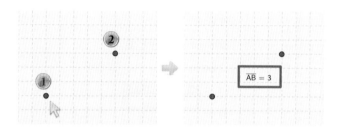

Step 2. 點與直線間的距離。

Step 3. 線段的長度

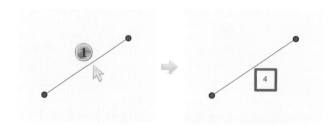

Step 4. 圓周長

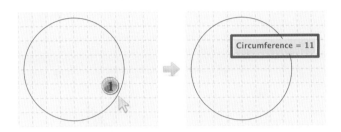

Step 5. 多邊形周長

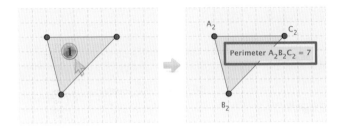

4.  面積

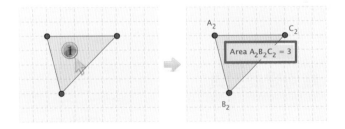

5. 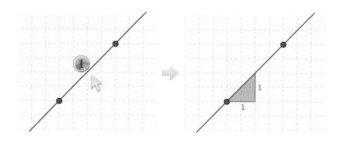 斜率

6. {1,2} 新增串列（集合）

使用此工具框選繪圖區中的物件，就可以在代數區中快速產生一個類似：

$$list1 = \{A,B,C\}$$

的串列（或稱為集合）。

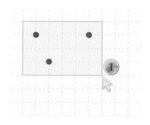

2-3-11　幾何變換工具

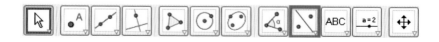

　　所有常見的幾何變換，如：「點對稱」、「線對稱」、「旋轉」、「平移」、「縮放」，甚至於一種與圓相關的對稱，叫做「反演」也在此類工具裡面。

1. 線對稱

先選取要做對稱的物件，再點選對稱軸（直線或線段），就會在此線的對面出現對稱圖形。

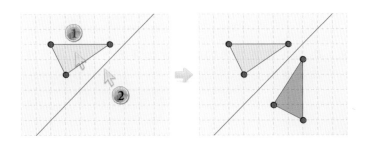

2. 點對稱

先選取要做對稱的物件，然後再選一點作為對稱中心，就會將原來的圖形沿著此點旋轉 180°。

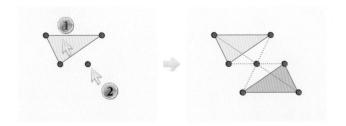

3. 反演

先選取要做對稱的物件，然後再選一圓作為對稱軸，這時「對稱圖形」會出現在圓的另一邊。

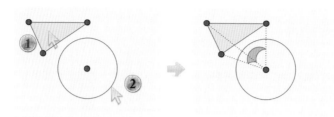

注意：此工具會讓原來的圖形產生變形。此工具所選的圓稱為「反演圓」。

4. 旋轉

先選要旋轉的物件，再選旋轉中心，最後在跳出的視窗中輸入旋轉角。

注意：此工具的圖示與「畫角度」工具的圖示極為相似，請勿彼此混淆！

5. 平移

先選取要平移的物件，然後再選平移向量。

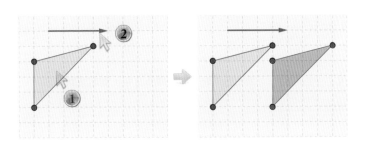

6.  縮放

先選取要縮放的物件，再選縮放中心，然後再輸入縮放倍率。

2-3-12　特殊工具

此類工具屬於「輔助性」工具，可以用來插入文字、圖片，還有可以用來當電子白板的「手寫筆」，甚至於一些跟統計與函數相關的工具，也放在這裡。

1. |ABC| 插入文字

在繪圖區的空白處點一下或點選某點，然後輸入文字、變數或數學式。

　　輸入文字的相關細節，請參閱後面「動態文字與數學式」章節。

2. 插入圖片

在繪圖區的空白處點一下或點選某點（圖片會跟著這個點跑），然後選擇要插入的圖檔[1]。

註：1. 選擇此工具後，可使用快捷鍵「Alt+滑鼠左鍵」，將圖片從電腦的「剪貼簿」上直接貼至繪圖區。

3.  手寫筆

利用這個工具，可以直接用滑鼠寫出任何文字或算式，寫完後，可以用「箭頭」工具拖曳它。

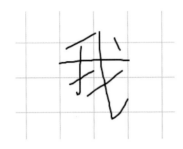

4. ![a=b]　判斷物件關係

選取兩物件並判斷它們的關係。目前可以判斷的有：
- 兩線是否平行或垂直？
- 兩物件是否相等？
- 某點是否在某線上？
- 某線是否為切線？

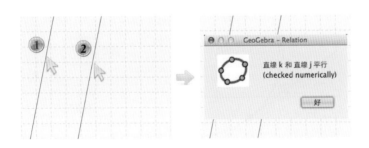

5. 函數檢視器

利用此工具點選某個函數後，會打開「函數檢視器」，我們可以在此視窗內設定變數 X 的範圍，然後觀察在此範圍內，函數的最大最小值、有沒有根、積分值、平均值、函數曲線長度等等。

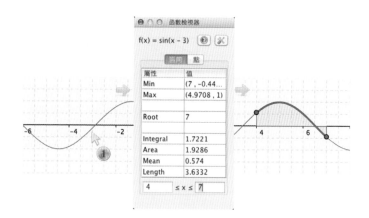

如果切換到「點」頁面，可以輸入許多個 x 值，然後觀察在這些點上，它們的函數值、切線、密切圓等等性質。「函數檢視器」關閉後，這些相關的圖形也會跟著消失。

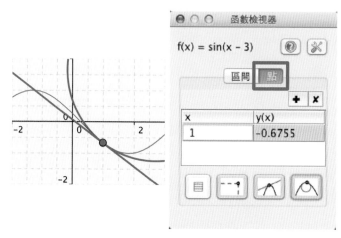

2-3-13　動作類工具

1. 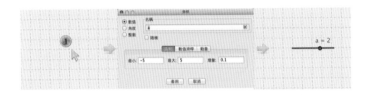 數值滑桿

用此工具在繪圖區空白處點一下，就會產生一個自由變數，我們可以利用滑鼠拖曳的
方式來改變它的值。

2. 勾選框

在繪圖區空白處點一下，輸入勾選框的標籤名稱後，在繪圖區（或下拉式選單中）中
挑選物件。GeoGebra 用勾選框來控制一組物件的顯示與否。

此工具除了會在「繪圖區」中產生一個勾選框外，它還會在「代
數區」產生一個「真假值」，當其值為 true 時，勾選框會在「打
勾」狀態，如果取消打勾，則其值會變成 false。GeoGebra 主要是
利用「真假值」來控制物件是否要顯示出來。

第二章　使用者介面

3.  按鈕

這種工具會在繪圖區中產生一個按鈕，這種按鈕可執行 GeoGebra 程式碼，功能很強
大，但不在本書討論的範圍。

4. a = 1 輸入欄位

當我們使用此工具在繪圖區空白處點一下，會出現一個視窗。

這時請在「關聯物件」中選一個物件，按「套用」後，繪圖區中就會多出一個「輸入
欄位」，以後如果要更改這個物件的定義，只要直接輸入這個欄位，然後按 Enter 就
可以了。

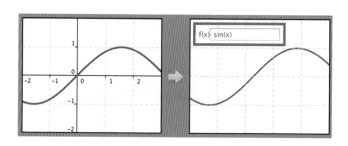

2-3-14　繪圖區工具

　　此類的工具主要是用來移動或縮放整個繪圖區、顯示或隱藏物件、複製物件格式，或是刪除物件等等。這些工具通常都有「快速鍵」，所以很少直接用到。

1. ⊕　移動繪圖區

使用此工具就可以用滑鼠拖曳整個繪圖區。

2. 🔍　放大繪圖區

在繪圖區中任意點一下，就可以放大繪圖區。整個繪圖區會依據你所點的地方為縮放中心，進行縮放。

3. 🔍　縮小繪圖區

在繪圖區中任意處點一下，就會縮小整個繪圖區。

4. ⚪　顯示或隱藏物件

在啟動此工具後，切換選取你想要顯示或隱藏的物件。注意：此工具要在切換到其它工具之後，物件的顯示或隱藏狀態才會改變喔！

5. 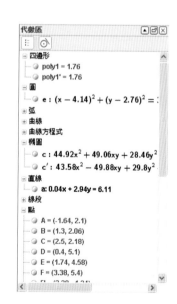 顯示或隱藏標籤

直接點選物件就可以將它的名字顯示或隱藏起來。

6. 複製格式

此工具可複製物件樣式（顏色、大小、線條樣式等）　到其他物件。使用時先選取想要複製樣式的物件，然後再點選其它物件（你可以點選一個以上的物件）。

7. 刪除

直接點選你想要刪除的物件就可以。若不小心刪錯物件，可以使用視窗右上角的「復原」按鈕。

介紹完了視窗上方的「工具列」，現在我們來瞧瞧通常位於整個視窗左邊的「代數區」吧！

2-4 代數區

　　不管我們是透過工具還是指令，或是其他方法所產生的任何物件（數值、座標、方程式、多邊形等等），都會顯示在「代數區」中，所有物件一覽無遺，因此代數區可以說是物件的檔案總管。

　　如果我們所做的圖檔中，擁有非常多的物件，那麼善用代數區、謹慎

命名每個物件，可以讓我們快速地找到要找的物件，對作圖效率來說，可是有很大的幫助喔！

2-4-1　物件的分類方式

代數區上面有三個小按鈕，主要是用來控制物件的顯示方式。

左邊的小按鈕用於控制要不要顯示「輔助物件」。當我們將某些物件設為「輔助物件」時，它們就不會出現在「代數區」中：

我們將物件設定為輔助物件，一方面是為了要專注在主要的物件上，另一方面也可以讓代數區更簡潔一些。但如果是為了編輯上的需要，有時還是需要將輔助物件顯示出來，這時就需要按這個小按鈕了。

中間的小按鈕用來控制物件的分類方式，到底是要用「類別」（點、線、圓、多邊形等）來排序，還是用「自變／應變」物件來排序[1]（相依性），或者是用物件所在的「圖層」，還是作圖的順序來排列。

2-4-2　物件的描述方式

在代數區中，除了顯示每個物件的名稱之外，我們還可以看到它們的內含值，例如點的座標、直線方程式、線段長度等，但是事實上，還有其他的顯示方式。這就是第三個小按鈕的功用：

我們會發現裡面有三個選項──「數值」、「定義」、「說明」，這三個選項分別代表代數區的不同顯示方式：

數值：每個物件都以「內含值」來顯示，這些值可能是點座標、線段長、圓方程式等等。

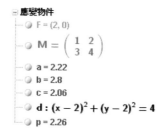

註：1. 從 4.2 版以後，又多了「圖層」與「作圖順序」兩種排列方式。

說明：這種顯示方式會盡量以「口語」的方式來顯示物件的意義，但只是「盡量」而已，
　　　有時還是會出現內部的指令。

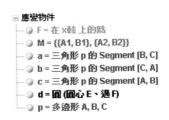

定義：用「指令」方式來表示每個物件。

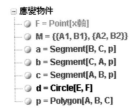

接下來，我們來看看通常位於視窗最下方的「指令列」。

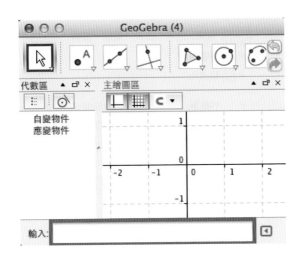

2-5　指令列

　　GeoGebra 工具列上的按鈕可以做的事情,「指令列」都可以做,每個按鈕都有相對的指令。例如:畫點的指令為 Point[]、畫線的指令為 Line[]、畫圓為 Circle[] 等等。

　　如果我們要畫一個以 A 為圓心、半徑為 1 的圓,我們大可以在指令列中輸入:Circle[A,1],然後按「Enter」,這時繪圖區就會出現一個圓。

　　反過來說,指令列可以處理的東西,大部分都不是工具列上的按鈕可以做的,如果你希望成為一位真正的 GeoGebra 高手,學會利用指令可是必要的途徑。

2-6　構圖按本

接著,我們為大家介紹一個通常隱匿不見,但卻是擁有相當豐富資訊的視窗、可以說是擁有整個完整作圖過程的地方,它稱為「構圖按本」。只要到「檢視」功能表,然後點選「構圖按本」,就可以打開它。

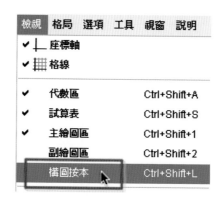

「構圖案本」視窗中，記錄了所有的作圖過程，讓我們看到每個作圖步驟的細節，所以如果我們要研究別人到底如何做出某個美妙的圖形，這時就可以打開「構圖案本」，然後從第一個步驟開始好好研究一番。

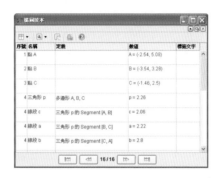

　　這個功能對於初學者來說，可是「練功」的好地方喔！

2-6-1　導播欄

在「構圖案本」視窗底部有一排稱為「導播欄」的東西，這一排有點類似錄音機上的按鈕，可用於「回第一步」、「上一步」、「下一步」、「到最後一步」等等。

當我們到繪圖區空白處按滑鼠右鍵打開快顯功能表，然後選擇「繪畫區」，並在其「一般」頁面中選擇「顯示導播欄按鈕」，這時繪圖區下方也會顯示這些按鈕。

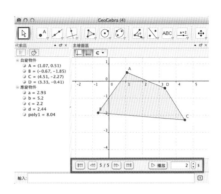

Part I　認識 GeoGebra

　　當你按著這些按鈕的時候，繪圖區的圖形就會隨著你按前進、後退而多出一些圖形或少掉一些圖形。

　　事實上，除了按上面的按鈕外，我們也可以利用鍵盤上的按鍵來控制這些圖形的「播放功能」：

上一步。　　　　　　　　　　到最後一步。

下一步。　　　　　　　　　　刪除該步驟所產生的物件[1]。

回第一步。

───────────────────

註：1. 這個動作也會刪除或影響其他相依物件，使用時請小心。

另外，也可以使用滑鼠進行播放控制：

1. **快速跳到某步驟：**用滑鼠左鍵在你想去的步驟上點兩下，就
   會馬上跳到該步驟。

2. **跳到第 0 步：**在標題欄上用滑鼠點兩下，可回到最原始的狀
   態，也就是繪圖區中還沒有任何圖形的時候。

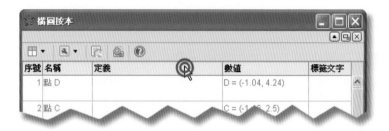

注意：這裡說的「標題欄」，可不是整個視窗的標題欄喔！請
　　　　仔細看上圖滑鼠所點的位置！

3. **改變作圖步驟的順序：**我們可以利用滑鼠將某個作圖步驟拖
   曳到其他位置，以改變整個作圖的順序。

注意：這個動作不一定可以執行，因為作圖步驟間難免會有相依性，我們不能將自變物件移到應變物件的後面。

　　在構圖按本視窗中，跟在「代數區」或「繪圖區」一樣，只要我們在某個步驟（物件）上按滑鼠右鍵，就可以打開它的快顯功能表，執行一些快速的任務（例如：重新命名、更改屬性等）。

2-6-2　插入構圖步驟

　　如果我們完成了整個作圖後，突然間又希望可以在作圖步驟中間位置插入一個新的步驟或新的物件，這時該如何呢？

　　我們可以這樣做：先將作圖步驟調整到你想要插入物件的「前一個步驟」，然後關閉「構圖案本」視窗，並開始建立新的物件，這時新的步驟／物件就會被插入適當的位置。

2-6-3　暫停點

　　有時候，我們的作圖步驟會非常多，可能有數十個，甚至上百個，這時候就算是 GeoGebra 有播放的功能，如果從頭一個步驟播放到最後一個，還是相當累人的。

　　還好 GeoGebra 有所謂的「暫停點」功能，我們只要將某些「關鍵步驟」設為「暫停點」，並且告訴「構圖按本」只要播放這些步驟就好，這時整個流程就會大為簡化。

只要設定好下圖中的三個步驟：

1. 在構圖按本工具列中顯示「暫停點」欄位。
2. 將某些步驟勾選為暫停點。
3. 在構圖按本工具列中勾選「只顯示暫停點」。

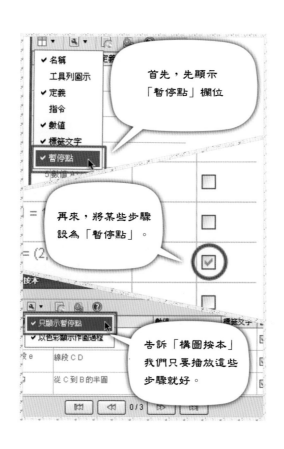

　　這時就只會剩下所標示的那些關鍵步驟，當我們按「上一步」、「下一步」這些按鈕時，作圖過程就會在這些步驟間跳躍。

第二章　使用者介面

Part I

認識 GeoGebra

第三章　物件屬性

　　到目前為止，我們已經將程式主要的介面大致上介紹一遍了。現在，我們將重心放在畫出來的東西，這些東西統稱為「物件」。它們大致上可分為三大類：

1. **幾何物件**：如點、線、圓、多邊形、圓錐曲線、函數、不等式等等，有具體形狀的東西。

2. **非幾何物件**：如數值、文字、真假值、矩陣、集合等等，供計算或裝飾使用的東西。

3. **控制物件**：如勾選框、輸入欄位、下拉式選單、按鈕等等，用於提供使用者互動式介面的進階物件。

　　這些不同的物件，各有其不同的屬性，透過屬性的設定，我們可以讓這些物件各自具備自己的特性，讓整個作圖更具活力。

　　我們可以使用下列幾種方式來打開「屬性」視窗：

- 在物件上按滑鼠右鍵，然後選擇「屬性」。
- 選擇「編輯」功能表中的「屬性」。
- 使用快速鍵「Ctrl + E」。
- 直接利用「箭頭」工具，在物件上點兩下，然後在出現的「重新定義」視窗中，按「屬性」按鈕。

　　在屬性視窗中，物件會依照不同的類型分類。

當我們要對兩個以上的物件修改屬性時，如何選擇多個物件，就是很重要的技巧，如果你忘了如何操作，請參考前面的「選取物件」章節。

「屬性」視窗中又分為幾個不同的頁面：「一般」、「顏色」、「樣式」、「代數」、「進階」等等，但針對不同的物件，可能會有不同的頁面，比方說「數值」類的物件就會有「滑桿」頁面，這是別的物件所沒有的。如果修改完物件屬性時，直接關閉視窗即可，我們所做的變更就會立即生效。

接下來，我們開始一一介紹這些不同的屬性頁面。

3-1 「一般」頁面

這個頁面中，可以設定以下的屬性：

- 「**名稱**」：這個名稱就是「物件名稱」，它會出現在代數區、文字編輯區、物件的下拉式選單，甚至是用於 GeoGebra 特有的程式碼中，所以只能用英文名。
- 「**數值**」：這個是物件的內含值或指令定義式，所以更改這裡，就會更改它的定義。
- 「**標籤**」：這個欄位必須搭配下面的「顯示標籤」勾選框才有效。如果在繪圖區中，物件名稱不足以表達該物件的含義時，我們可以在這個欄位中輸入一些更有意義的文字（可以有中文），然後勾選下方「顯示標籤」中的「標籤文字」。
- 「**顯示物件**」：這個勾選框可以控制是否要顯示物件。用快速鍵「Ctrl+H」也可以（MacOS 中是「Command+G」）。
- 「**允許選取**」：如果取消勾選此項，那麼使用者就無法用滑鼠選取它，因此也無法移動或做任何變更，這時只能從屬性視窗中改變其屬性[1]。
- 「**顯示標籤**」：用於決定要不要在繪圖區中顯示物件的標籤。它有四種型式可以挑選：「物件名稱」、「名稱與數值」、「數值」、還有自定的「標籤文字」。就「數值」而言，不同類別的物件有不同的數值，例如「點」會顯示「座標」，「線段」會顯示「長度」，「函數」會顯示其定義。
- 「**固定物件**」：勾選此項時，物件不能移動，不能改變定義，也不能刪除，但可以更改屬性。如果是「文字」或「圖片」物件勾選此選項時，雖然它的「左下角」會固定於座標系統中，我們也沒有辦法用滑鼠拖曳它，但物件還是隨著座標系統的縮放、平移而移動，如果要讓它完全固定不動，必須勾選「螢幕上的絕對位置」才行。
- 「**輔助物件**」：勾選此項時，物件會從代數區中消失，讓代數區看起來更清爽。

除了上述常見的屬性之外，還有一些屬性為「專有的」，並非所有的物件都有，例如：

第三章　物件屬性

「**顯示移動痕跡**」：會移動的物件才有這個屬性。當勾選此項時，物件移動時會留下它經過的痕跡，如果要抹除這些痕跡時，必須選擇「檢視」功能表中的「清除所有痕跡」。

「**顯示延伸處的交點**」：這個屬性為「線段或射線」所專有。例如：我們可以設定要不要顯示兩個不相交線段「延長」之後的交點。

註：1. 此項目前已經放到「進階」頁面中。

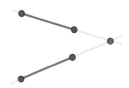

但用這個屬性的前提是：我們必須事先已經對這兩個線段用過「交點」工具，或用過交點指令 Intersect[] 才行。

· 「角度介於…」、「顯示直角記號」：這些屬性是「角度」物件專有的。如果我們不希望畫出來的角度大過 180°，這時就要選擇「角度介於 0 到 180°」。

· 「開始動畫」：有設定最大最小值的數值、直線或曲線上的點，都有這個屬性，當勾選這個屬性時，物件就會開始在直線或曲線上移動，同時繪圖區的「左下方」也會多出一個「暫停」鈕，我們隨時可以按暫停， 讓整個動畫停下來。

· 「螢幕上的絕對位置」：「數值滑桿」、「文字」或「圖片」這類放在繪圖區上的物件，大都有這個屬性，只要勾選它，物件就釘死在螢幕上，從此不再隨座標系統的縮放、平移而移動了。

・**「固定勾選框」**：這個屬性「勾選框」才有。本來勾選框就不會隨座標系統的縮放、平移而移動，也就是說它一直都是在「螢幕上的絕對位置」上的，但我們還是可以用滑鼠將它拖曳到別的地方去。一旦勾選了這個屬性，就連滑鼠也無法拖曳勾選框了（但還是可以改變其勾選或不勾選的狀態）。

・**「背景圖」**：「圖片」物件才有此屬性，一旦將圖片設為背景圖，它就會跑到圖層中的最底層（比系統的座標軸與格線更底層），而且也無法在用滑鼠點選它，不過它還是會隨著座標系統一起移動。

3-2　「顏色」頁面

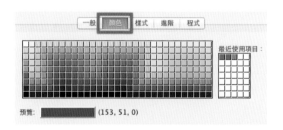

這個頁面只有一個功能，就是設定物件的顏色。

3-3　「樣式」頁面

不同的物件有不同的樣式頁面。

Part I 認識 GeoGebra

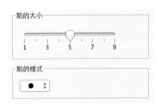

「點」的樣式：有點的「大小」與「樣式」可以設定。

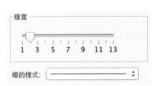

「線」的樣式：可用於任何線型物件，包含線段、射線、直線、函數、圓錐曲線等等，可設定線的「寬度」與「樣式」。

「填滿」屬性：適用於各種封閉曲線，如多邊形、圓錐曲線等等物件。填滿屬性有三種模式—「標準」、「斜線」、「圖片」，再加上可以設定「反向填滿」，所以可以說是一個相當豐富的屬性。

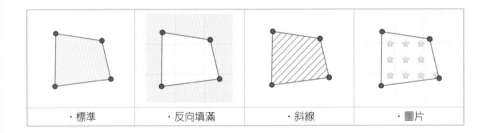

| ·標準 | ·反向填滿 | ·斜線 | ·圖片 |

「角度」大小與裝飾：角度物件除了可設定它的大小、填滿之外，它還有一個專屬的「裝飾」頁面，可以選擇它的樣式。

3-4 「滑桿」頁面

這個頁面是當做一個自由變數的「數值」物件才有的頁面。這裡可以設定它的:

1. 變動範圍(最大最小值)、變動的幅度(增量)
2. 在繪圖區中顯示的樣式(是否位置固定?是否隨機變動?水平還是垂直顯示?顯示寬度是多少?)
3. 當以動畫的方式呈現時(一般頁面中的「開始動畫」屬性打勾),應該變動多快(速度)?以什麼方式變動(來回反覆、遞增、遞減等)?

3-5 「進階」頁面

· **「顯示物件的條件」**:這個欄位內可以輸入一個「真假值」物件名稱,或是一個可以產生真假值的條件式。

比方說現在有兩個點 A、B。如果我們在 A 點的這個欄位中輸入:$x(B) \geq 5$

這時候只有當 B 點的 x 座標超過 5 的時候,A 點才會顯現出來。

· **「動態色彩」**:我們可以利用這些色彩的欄位來動態控制物件的顏色(每個顏色值都是從 0 到 1),而且它有三種模式可以設定:RGB、HSV、HSL,但通常必須搭配進階的 GeoGebra 指令才行。

| 一般 | 顏色 | 樣式 | 進階 | 程式 |

顯示物件的條件

動態色彩

紅：

綠：

藍：

填滿：

RGB ⇕　　　　　✗

圖層：　0 ⇕

工具提示：　自動 ⇕

「圖層」：除了最底層的背景圖外，圖層又分為 0 到 9 層，我們可以針對不同的物件，設定不同的圖層。如果巧妙地運用圖層與反向填滿的多邊形，我們甚至於可以製作出類似「遮罩」的效應，讓圖形只從某些特殊的「窗口」顯現出來。

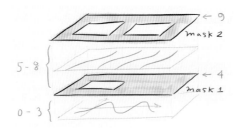

3-6 「程式」頁面

　　這個地方讓進階使用者有一個可以全面掌控 GeoGebra 各種互動功能的機會，包含檔案啟動時就自動產生一些必要的物件（全域 JavaScript）、當使用者按了某個物件時，就執行原先已經寫好的程式碼（OnClick），或者是某物件的值有所變動時，執行相對應的動作（OnUpdate），但由於篇幅的關係，本書並不會討論這個部分。

第三章　物件屬性

Part I

認識 GeoGebra

第四章　檔案操作

　　GeoGebra 主要的功能固然是製作動態的圖檔，但是可以將我們所畫的圖輸出成精美的靜態圖檔，也是很重要的功能，因為我們可以將這些圖檔放到其他文件或簡報中，甚至於可以放到其他的繪圖軟體再做進一步的處理。現在我們開始來說明：如何匯出圖檔？

4-1　匯出圖檔

·首先，拖曳「滑鼠右鍵」將你要匯出圖檔的部分框起來[1]。
·接著選擇功能表「檔案／匯出／匯出圖檔」。

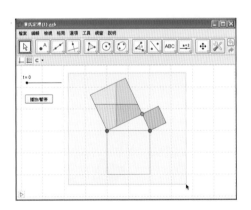

　　在「匯出圖檔」視窗中，我們可以指定[2]：

註：1. 如果你要輸出整個繪圖區，則這一步可以省略。
　　 2. 輸出圖片的真實大小顯示於「匯出圖檔」視窗下方，同時以「公分」與「像素」兩種單位呈現。

・**圖檔格式**：有 PNG、EPS、PDF、SVG、EMF 等格式。

・**輸出比例**：指每公分換算為幾個座標單位。

・**解析度**：單位為 DPI (dot per inch)，就是每英吋多少像素。

・**透明**：指定圖片背景是否為透明。

4-2　計算圖片大小

　　這個匯出的圖片大小倒底是如何計算出來的呢？以下我們舉一個實際的例子來說明：

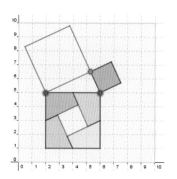

　　假設我們在座標平面上用滑鼠框選了一個 10×10 的矩形，也就是長跟寬都是 10 個座標單位的區域，

然後在匯出圖檔的時候，選擇了以下的設定：

· 輸出比例設為 1：5，也就是 1 公分 = 5 個座標單位。
· 解析度設為 72 dpi，也就是每英吋 72 像素。

4-2-1　以公分計算

這時如果以「公分」來計算圖片的大小，則計算方法只跟「輸出比例」有關係：

$$10\,\text{units} \times \left(\frac{1\,\text{cm}}{5\,\text{units}}\right) = 2\,\text{cm}$$

因此輸出的圖片為 2cm×2cm 大小。

4-2-2　以像素計算

如果以像素來計算圖片的大小，則不只跟「輸出比例」有關係，連同「解析度」也要算進去[1]：

$$10\,\text{units} \times \left(\frac{1\,\text{cm}}{5\,\text{units}}\right) \times \left(\frac{1\,\text{inch}}{2.54\,\text{cm}}\right) \times \left(\frac{72\,\text{pixels}}{1\,\text{inch}}\right) \approx 56\,\text{pixels}$$

也就是長寬各是 56 像素的大小。

註：1. 1 英寸 = 2.54 公分

複製到剪貼簿

　　事實上，如果匯出的圖檔不需要再做任何後續處理，或者根本不會再用到，這時可以選擇功能表「檔案／匯出／複製到剪貼簿」就可以了。

　　雖然這樣的動作好像看不到什麼實際的檔案被儲存下來，但事實上 GeoGebra 已經將繪圖區的截圖默默地複製到系統剪貼簿中，這時我們可以將此圖貼到其他程式中（例如：Word 或 PowerPoint 等等）。

4-3　存檔

　　當然，我們辛辛苦苦好不容易做完的圖，最重要的事情，就是存檔了。

選擇功能表「檔案／儲存」，可以馬上將我們的檔案儲存到電腦中。GeoGebra 的檔案副檔名為 ggb，所以如果你在電腦中有看到 *.ggb這類的檔案，基本上就是 GeoGebra 檔。

　　事實上，大家最好不要等到整個圖做完了再存檔，我建議大家只要有想到的時候，就按一下快速鍵「Ctrl+S」，這是存檔的快速鍵。

Part II

数學大觀園

前面的內容主要偏重在使用介面的說明，與如何利用工具列上的按鈕來產生物件。

現在我們要開始將焦點轉移到 GeoGebra 視窗下方的「指令列」上，帶大家來看看如何用這個地方來產生物件，並且一一介紹數學上的物件，例如：「數值」、「角度」、「座標」、「複數」、「向量」、「真假值」、「函數」、「方程式」、「矩陣」、「微積分」，以及各種的幾何物件，如何利用指令列來輸入。

我們先從單純的「數量」開始吧！

第五章　數值與角度

　　像「整數」、「小數」、「角度」，甚至是數理邏輯中的「真假值」等等，都可以用一個單純的變數來表示。

5-1　數值

　　在 GeoGebra 中，如果要設定一些常數或變數，方法如下：

・可以使用「數值滑桿」工具，在繪圖區空白處點一下，就會產生一個自由變數。

・我們也可以利用指令列直接輸入，例如輸入：「r = 5.32」，然後按「Enter」[1]，這樣就會得到一個叫做 r 的變數。

5-1-1　數學常數

　　如果我們要輸入某些常用的數學常數，例如圓周率「π」或尤拉數「e」，我們可以利用指令列右方的「隱藏式選單」，方法如下：

輸入：	◁

首先，剛開始的時候，指令列空空的，看不出有何不同。

輸入： ⌶	α	◁

當你把滑鼠游標點進去的時候，右邊會出現一個「小按鈕」。

註：1. 只要是使用指令列，最後都要按「Enter」。

這時再按右邊的「小按鈕」，就
會出現「隱藏式選單」：這個選
單裡面就有圓周率「π」和尤拉數
「e」。

注意：

- 變數 e 在 GeoGebra 中的角色有點怪異，如果 e 這個名稱從來
  沒有被使用過，那麼當我們第一次使用它的時候，比方說我
  們在指令列中輸入：「$a = e + 3$」，這時 e 會被當做是「尤拉
  數」。但是，如果我們在指令列中輸入：「$e = 10$」，這時 e
  就不會被視為尤拉數，而只是一般的變數而已。
- 就算我們從來沒有自己輸入像「$e = 10$」這樣的指令，也不
  代表 e 這個變數不會被系統使用到喔！因為 GeoGebra 有「自
  動命名」的功能，也就是說，當我們在利用工具列或指令來
  新增物件的時候，如果我們沒有主動幫這些物件命名的話，
  系統可是會自己幫它們命名的，而且內建的命名順序是依照
  a、b、c、d 這樣的字母順序來的，所以依照這樣的方式，
  「e」這個名字可是很快就會被用掉的，這點請使用的時候，
  要特別注意喔！

5-1-2　常數快速鍵

我們可以利用快速鍵來輸入這兩個常數：

Alt + P	「$\pi \doteq 3.14159...$」為圓周率[1]。
Alt + E	「$e \doteq 2.71828...$」為尤拉數。

註：1. 利用鍵盤輸入「pi」也可以。

快速鍵「Alt + E」總是代表「尤拉數」，所以如果要用到「尤拉數」的話，那就用這個快速鍵準沒錯！

5-2　角度

「數值滑桿」工具可以產生一般「數值」、「角度」、「整數」等三種型的變數，只要我們在新增的時候，特別指定為「角度」型，就會產生一個「角度」變數。

我們當然也可以直接使用指令列來輸入角度變數，例如我們可以輸入：「$\alpha = 30°$」

至於「希臘字母」與角度符號「°」到底如何輸入呢？

5-2-1　希臘字母與角度符號

首先進入指令列，然後打開隱藏式小鍵盤，在這裡面就有我們常用的希臘字母與角度符號。

5-2-2 字母與符號快速鍵

為了提升效率，使用快速鍵讓我們可以加快編輯的速度。

Alt + O	「°」為角度單位[1]。
Alt + A	「α」為希臘字母第一個[2]。

5-3 真假值

5-3-1　使用勾選框工具

在 GeoGebra 中，我們可以使用「勾選框」工具來新增一個「真假值」變數。

這個工具常常令剛開始使用它的人困惑，以為它是用來產生「物件群組」的工具，但事實上它並不是。它就是一個單純的「真假值」，內含值為「true」或「false」。

註：1. GeoGebra 所有的內部運算都是使用「弧度」，角度符號「°」只是代表「$\pi/180$」這個常數而已。

　　2. 其他字母快速鍵，請參閱附錄「希臘字母與數學符號」。

GeoGebra 只是利用這樣的真假值來控制物件是否要顯示出來而已，所以當我們利用「勾選框」工具在繪圖區的空白處點一下時，會出現一個要我們挑選物件的視窗：

等我們挑選好，按「套用」之後，這些物件就會受到這個勾選框的控制，當這個勾選框在「打勾」狀態的時候，這些物件就會顯現出來，如果勾選框沒有打勾的話，這些物件就會隱藏起來。

注意：

1. 下圖視窗中的「標籤」欄位跟勾選框的「物件名稱」沒有任何關係！那個「標籤」欄位只是勾選框的說明文字而已，而勾選框的「物件名稱」會由系統自動指定，所以當我們用完「勾選框」工具的時候，其實還要到代數區稍微找一下，才能知道剛剛做的勾選框叫什麼名字喔！

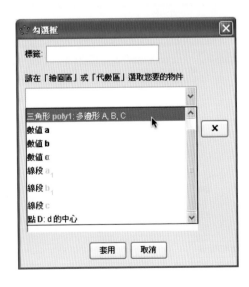

2. 在 GeoGebra 中,「勾選框」就是「真假值」,「真假值」就是「勾選框」,兩者是一體的兩面。在「代數區」中,我們看到的是「真假值」,在「繪圖區」中,我們看到的就是「勾選框」[1]。

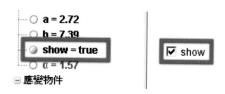

3. 「勾選框」工具只是在我們挑選完物件後,偷偷將這些物件的的「顯示物件的條件」屬性,設定為它自己的變數名而已,所以如果我們事後希望某個物件不要再受到此「真假值」的影響,只要再進入屬性視窗,然後將此「顯示物件的條件」屬性改掉就好。

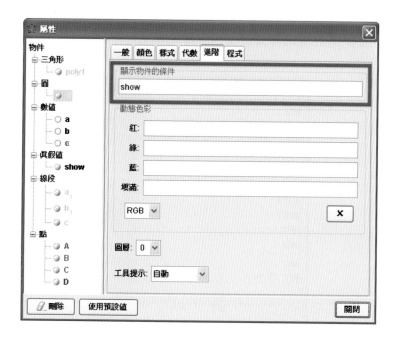

註:1.但話說回來,只有屬於「自變物件」的真假值才能顯示於繪圖區喔!如果它屬於「應變物件」,也就是說它是由某個條件式所算出來的,那麼因為它不能自由改變真假狀態,所以也就不能以「勾選框」的方式顯示於繪圖區中。

5-3-2　用指令列輸入真假值

我們只要在指令列中輸入例如：

　　　　　　　　·a = true

　　　　　　　　·b = false

並按下 Enter 鍵，就會在代數區中產生新的真假值。

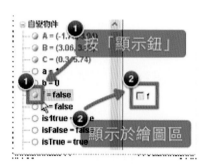

用指令列輸入的真假值並不會馬上以「勾選框」的方式顯現於繪圖區中，但只要我們在代數區中用滑鼠按一下它的「顯示鈕」（變數前面的小圓鈕），這時它就會顯示出來了！

5-3-3　改變真假值

屬於「自變物件」的真假值，可以用以下的幾個方式來改變其值：

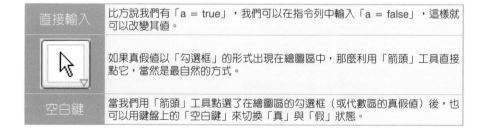

直接輸入	比方說我們有「a = true」，我們可以在指令列中輸入「a = false」，這樣就可以改變其值。
	如果真假值以「勾選框」的形式出現在繪圖區中，那麼利用「箭頭」工具直接點它，當然是最自然的方式。
空白鍵	當我們用「箭頭」工具點選了在繪圖區的勾選框（或代數區的真假值）後，也可以用鍵盤上的「空白鍵」來切換「真」與「假」狀態。

5-3-4　布林運算

在數學中，只要是能產生真假值的運算，都稱為「布林運算」。GeoGebra 當然也可以處理這類的運算，而且有兩種輸入方式：

・用指令列的「隱藏式選單」
・用鍵盤輸入：例如「≥」符號也可以用鍵盤「>=」來輸入。

下面我們列出所有 GeoGebra 的布林運算、相對應鍵盤輸入，以及它們的用法：

運算	鍵盤	說明與範例
≐	==	等於：此運算用於比較兩數值、點、直線、圓錐曲線等物件是否相等。 範例： 假設我們現在有兩個圓 $c:(x-1)^2 + (y-1)^2 = 1$ $d:(x-2)^2 + (y-3)^2 = 1$ 這時如果在指令列中輸入：「c == d」 則結果會得到：「false」。 註：結果會出現在「代數區」。
≠	!=	不等於：此符號的適用範圍與「等於」相同。 範例： 假設我們有跟上例相同的兩個圓 這時如果輸入：「c != d」 則結果會得到：「true」。
<	<	小於：關於「>、<、≥、≤」這些不等式的運算，只適用於「數值」物件。 範例： 假設我們有兩個變數 a = 3、b = 2 這時如果輸入：「a < b」 則結果會得到：「false」。

（續）

運算	鍵盤	說明與範例
>	>	大於。 「>、<、≥、≤」這幾個運算，用法都是類似的，所以我們就不再多提，但有一個地方要注意的是，如果比較大小的物件不是數值物件時，會得到類似以下的錯誤訊息喔！ **GeoGebra - 錯誤** ⚠ 不當的比較運算 geogebra.f.fx k = 3 > true geogebra.f.a.s [確定]
≤	<=	小於或等於。
≥	>=	大於或等於。
∧	&&	且。 「∧、∨、¬」（且、或、非）這幾個邏輯運算只適用於布林變數（也就是真假值）。 範例： 假設我們現在有兩個真假值 isMyWife = true isPretty = true 這時如果輸入：「isMyWife && isPretty」 則結果會得到：「true」。 註：此運算必須兩個真假值都是「true」的時候，結果才會是「true」。
∨	||	或。 此運算必須兩個真假值都是「false」的時候，結果才會是「false」。
¬	!	否（非）。 此運算會得到原來真假值的相反值。 範例： 假設我們現在有「a = true」 這時如果輸入：「!a」 則結果會得到：「false」
‖	無	平行：此運算用於判斷兩直線是否平行。 範例：假設我們現在有兩條直線 a: x + y = 1 b: x + y = 3 這時如果輸入：「a ‖ b」 則結果會得到：「true」。 註：此符號只能用「隱藏式選單」輸入，並沒有鍵盤輸入法，但它與「或」的鍵盤輸入「||」類似，請勿混淆！
⊥	無	垂直：此運算與上例類似，但用於判斷兩直線是否垂直。

註：1.「無」表示沒有鍵盤輸入法。

（續）

運算	鍵盤	說明與範例
∈	無	屬於：用於判斷某元素是否在集合裡面。 範例： 假設我們現在有 A = (1,1) s = {(1,1), (2,2), (3,3)} 這時如果輸入：「A ∈ s」 則結果會得到：「true」。
⊆	無	包含於或等於：用於判斷一集合是否包含在另一集合裡面。 範例：假設我們現在有 A = {1, 2} B = {3, 2, 1} 這時如果輸入：「A ⊆ B」 則結果會得到：「true」。
⊂	無	包含於但不等於：用於判斷一集合是否包含在（但不等於）另一集合裡面。 範例：假設我們現在有 A = {1, 2, 3} B = {3, 2, 1} 這時如果輸入：「A ⊂ B」 則結果會得到：「false」。

Part II

數學大觀園

第六章　平面座標系

6-1　點與向量

點座標可以直接利用工具列上的「點」工具來新增。

使用指令列可以讓我們更精確的指定點座標的位置。

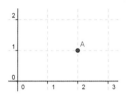 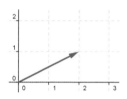

比方說我們如果在指令列中輸入：

$$A = (2, 1)$$

那麼繪圖區就會馬上出現一個新點 A。

請注意：

在 GeoGebra 中，用英文「大寫」命名的座標代表「點」，用「小寫」命名的座標代表「向量」，所以我們在命名的時候要特別注意大小寫。

如果不小心輸入：

$$a = (2, 1)$$

那麼我們會得到一個「向量」。

6-1-1　點與向量的四則運算

在 GeoGebra 中，點與向量可以混合計算，跟一般的數學計算方

式一樣，使用上非常便捷。

範例6-①：

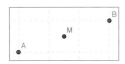

假設我們現在有 A、B 兩點

這時如果輸入：「M = (A + B)/2」

就會得到 A、B 兩點的「中點」。

範例6-②：

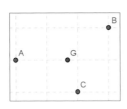

假設我們現在有 A、B、C 三點

這時如果輸入：「G = (A + B + C)/3」

就會得到 △ABC 的「重心」。

範例6-③：

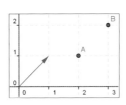

假設我們現在有：

A = (2,1)

u = (1,1)

這時如果輸入：「B = A + u」

就會得到 A 點平移之後的點座標 B。

範例6-④：

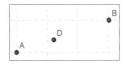

我們甚至於可以利用「分點公式」來計算 A、B 兩點之間的等分點。比方說，我們將 A、B 兩點之間分成五等分，然後計算第二等分點的位置。

這時可以輸入：「D = (3A + 2B)/5」

結果會得到第二等分點 D 的座標。

6-1-2　座標分量

　　不管是點座標還是向量，我們都可以利用兩個特殊的函數來取得它們的 x 座標或 y 座標，也就是 x() 與 y()。

範例6-⑤：

　　例如我們現在有：

　　A = (1,2)

　　u = (3,4)

　　這時如果輸入：「a = x(A)」、「b = y(u)」

　　就會得到：「a = 1」、「b = 4」。

　　請注意：x 或 y，不管是當做變數名，或是函數名稱，都有其特殊意義，也就是它們都是 GeoGebra 的「關鍵字」，所以我們在設變數名稱或函數名稱時，千萬不要用這兩個字母喔！

6-1-3　內積與外積

　　向量除了相加、相減、乘或除某倍之外，還有兩種重要的運算，也就是「內積」與「外積」，現在我們來看看這兩種用法：

1. 內積

範例6-⑥：

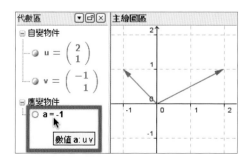

假設我們現在有兩個向量：

u = (2,1)

v = (-1,1)

這時如果輸入：

「u*v」或

「u v」（中間有空格）

則結果會得到兩向量的內積「-1」。

2. 外積

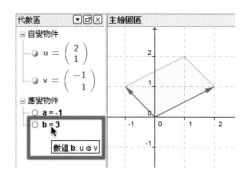

如果輸入：「u ⊗ v」

則結果會得到：兩向量的外積「3」。

 請注意：

1. 內積只能用鍵盤輸入「＊」或「空格」來代表內積運算。
2. 外積只能用「隱藏式選單」輸入，無法用鍵盤輸入。

3. 在 GeoGebra 的平面座標中，外積算出來的是一個「數值」，而不是「向量」！它代表的是兩個向量所圍起來的「有向面積」，而在 GeoGebra 中，「u ⊗ v」這個外積符號，其實就是 u 與 v 兩個向量的「二階行列式值」[1]。
4. 出現在上面外積例子中的平行四邊形，只是為了講解方便畫的，因此當你自己執行外積運算時，並不會出現平行四邊形喔！

註：1. 在 GeoGebra 5.0 立體版中，「u ⊗ v」會真的算出一個空間中的外積「向量」喔！

6-2 直線與座標軸

　　除了用工具列上的「直線」工具來產生直線外，在指令列中，我們也可以使用「方程式」或「參數式」來輸入直線。

6-2-1 直線方程式

範例6-⑦：

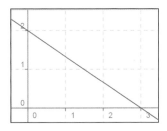

請輸入：「2x + 3y = 6」
這時繪圖區就會畫出此直線。

 請注意：

・輸入直線方程式只能使用 x、y 這兩個內定的變數名稱，如果輸入像：「2s + 3t = 6」這樣的方程式是不行的，會產生錯誤訊息。

6-2-2 直線參數式

範例6-⑧：

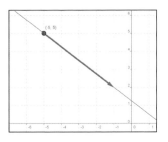

請輸入

g: A = (−5,5) + t*(4, −3)

這表示我們要畫一條以 (−5, 5) 為起點、(4, −3) 為方向向量的直線，並且把它取名為 g。

請注意：

- 使用參數式的時候，一定要指定直線的名稱，所以輸入：

g: A = (−5, 5) + t*(4, −3)

這樣是可以的。但如果輸入：

A = (−5, 5) + t*(4, −3)

把前面的「g:」省略掉，這樣是不可以的，因為系統會以為你要畫的是 A 點，所以只會畫一個點而已。

- 使用參數式的時候，輸入以下任何一個：

g: A = (−5, 5) + t (4, −3)
g: P = (−5, 5) + s (4, −3)
g: X = (−5, 5) + a (4, −3)

結果都一樣，像上面的 A、P、X 或 t、s、a 這些變數，我們稱之為「呆變數」，只是形式上需要它們，並不需要事先定義它們喔！

- 使用參數式的時候，如果輸入：

g: (−5, 5) + t (4, −3)

把前面的「A =」省略掉，這樣也會產生錯誤訊息。所以雖然在 GeoGebra 裡面，這裡的 A 是「呆變數」，但還是不能省略喔！

6-2-3　坐標軸

在指令列中，x 軸與 y 軸這兩條特殊的直線，除了可以分別用方程式 y = 0 與 x = 0 來代表它們外，其實還有內定的名稱 xAxis 和 yAxis。因此，當我們在使用 GeoGebra 的指令時，如果要提到這兩個座標軸，就可以使用這兩個關鍵字。

範例6-⑨：

　　畫一個落在 x 軸上的點。

　　我們當然可以利用工具列上的「點」工具在 x 軸上點一點就行了，但也可以使用指令列輸入：

$$A = Point[xAxis]$$

　　這樣也可以達到同樣的效果。

6-3　極座標

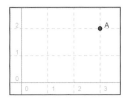

在 GeoGebra 中新增 點座標與向量最常用的方法，是輸入像 (x,y) 這樣的座標，這種座標俗稱為「直角座標」。

　　除此之外，還可以用另一種數學中常見的方式，稱為「極座標」的表示法。

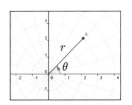

傳統數學裡，用 (r, θ) 這樣的方式來表示「極座標」，其中 r 表示此點離「原點」有多遠，θ 表示從正東方 0° 算起，要逆時針掃到 θ 角，才會到達此點。

6-3-1　如何輸入極座標？

　　現在問題來了，如果我們輸入「直角座標」的時候用 (x,y) 這樣的形式，輸入「極座標」的時候用 (r, θ) 這樣的形式，兩者都是用「,」逗號隔開，那麼當我們輸入像 (3, 2) 這樣的座標時，GeoGebra 怎麼會知道我們輸入的到底是「直角座標」還是「極座標」呢？

　　答案很簡單，當 GeoGebra 在使用極座標的時候，用「;」分號隔開！所以用「分號」隔開的是「極座標」，用「逗號」隔開的是「直角座標」。

範例6-⑩：

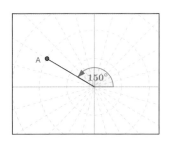

「A = (2 ; 150°) 」

範例6-⑪：

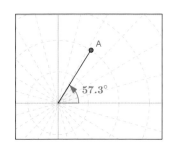

「A = (2 ; 1) 」

　注意：在這個例子中，雖然我們角度的部分沒有輸入「°」這個符號，但是因為我們用了「分號」，所以 GeoGebra 依然將它視為是一個「極座標」。因為角度的部分，我們輸入「1」，沒有帶任何角度單位，系統會自動將它視為「1弧度」，換算成「角度」單位，大約是 57.3°。

範例6-⑫：

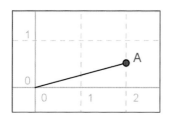

「A = (2, 30°)」

注意：1. 剛好跟上例相反，在這個例子中，雖然我們輸入了「°」這個符號，但是因為我們用了「逗號」隔開座標，所以 GeoGebra 還是將它視為一個「直角座標」，而 30° 換算成一般的數字是：

$$30° = 30\left(\frac{\pi}{180}\right) \approx 0.5236$$

所以我們會看到 A 點大約畫在 (2,0.5) 這個座標左右。

2. 向量也可以用「極座標」輸入，但記得向量的名稱要用「小寫」喔！

6-3-2　顯示極座標系統

一般預設的座標系統是直角座標，那麼我們該如何打開擁有許多同心圓、又有許多放射線的「極座標系統」呢？

首先，在繪圖區空白處按滑鼠右鍵，然後在跳出來的快顯功能表中選擇「主繪圖區……」。

‧接著，在出現的設定視窗中，切換到「格線」頁面，然後將「格線類型」切換到
「極座標」，最後再設定極座標系統中，同心圓的「半徑間距」與「角度間距」，
然後按「關閉」。

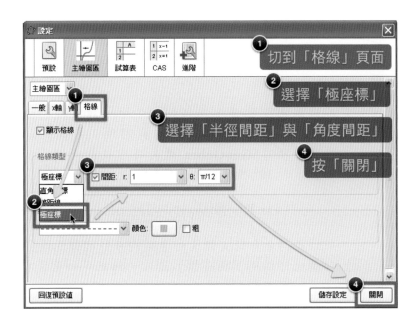

　　完成上面的設定，就可以順利將座標系統切換為「極座標系統」！如果要再切換回「直角座標」，只要再將「格線類型」設定回來即可。

6-3-3　極座標方程式

　　直角座標系裡面，常用 x、y 之間的關係式來描述座標平面上的一條曲線，例如：

‧拋物線：$y = x^2$

‧圓：$x + y = 1$

在極座標系統內，也有類似的東西，稱為「極座標方程式」，通常是以「當一個點在方位角為 θ 時，距離原點有多遠」這樣的方式來描述一條曲線，也就是在極座標 $(r; \theta)$ 裡面，將 r 當做是 θ 的函數。

以下我們透過一個例子來說明，如何在 GeoGebra 中畫出極座標方程式的圖形。

範例6-⑬：

　　畫出極座標方程式 $r = \cos(2\theta)$ 的圖形。

先用「數值滑桿」工具新增一個角度 θ。

輸入：・在指令列中輸入：「r = cos(2θ)」。

　　　・然後再輸入：「A = (r;θ)」。

 注意：這裡輸入的是「極座標」，要用「分號」隔開。

用「軌跡」工具，點選 A，再點選 θ，這樣就完成了。

你也可以直接輸入指令：

Locus[A,θ]。

複數

　　GeoGebra 也支援複數的輸入，而且跟我們平常寫複數的方式完全一樣，請看以下的範例：

範例6-⑭：

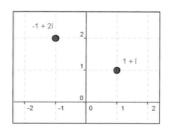

請在指令列中輸入：

a = 1 + i

b = −1 + 2i

這時繪圖區就會出現兩個複數點：

注意：

1. 在 GeoGebra 中，i 是一個奇怪的變數。它有兩種身分，情況類似 e 這個變數（有關 e 的細節，請參閱前面的「數學常數」章節）。如果變數 i 尚未被定義，那麼當我們輸入類似：

　　「z = 3 + 4 i」這樣的指令時，系統會自動將 i 視為「純虛數

單位」，也就是俗稱的 $\sqrt{-1}$，因此就會得到一個「正常的複數」。

2. 但是如果我們在作圖的過程中，將 i 設定為別的東西，比方說我們輸入了「$i = 3$」這樣的指令，這時就算輸入：「$z = 3 + 4\,i$」，z 也不會被視為複數，事實上這時 z 會是 15，因為：$3 + 4 \times 3 = 15$。

3. 另外，就算我們從來沒有自行輸入類似「$i = 3$」這樣的指令，別忘了 GeoGebra 自己有「自動命名」的功能，而且所有的數值、真假值、線段、直線、圓錐曲線等等，一大堆物件都是以英文「小寫」自動命名的，所以你就知道為何這些「半關鍵字」e、i 很快就會被用掉了，所以使用時請小心！

4. 在輸入點與向量的時候，變數名稱有區分大小寫。例如：輸入 「A = (2, 3)」代表一個「點座標」，「a = (2, 3)」則代表一個「向量」。但輸入複數時，變數名稱是大寫還是小寫就無所謂了，不管你輸入的是：「a = 3 + 4i」，還是「A = 3 + 4i」，都會得到同一個複數。

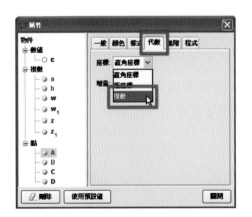

任何的點或向量，我們都可以隨時把它視為「複數」來運用，我們只要在它的「屬性」視窗中，選擇「代數」頁面，然後在「座標」屬性中選擇「複數」系統就行了。

6-3-4　i 的快速鍵

除了用鍵盤輸入「i」之外，GeoGebra 還為這個虛數單位提供了一個快速鍵：

| Alt + i | 「i」：複數的純虛數單位。 |

注意：
1. 利用這個快速鍵所打出來的「i」，外表上跟鍵盤打出來的「i」略微不同，請仔細觀察。

2. 另外，這兩者最主要的不同是，利用「Alt + i」打出來的「i」始終代表純虛數單位，所以我們不用擔心像用鍵盤打出來的「i」一樣，發生半路被「狸貓換太子」的事情（例如不小心將 i 設定為 3），讓我們的整個作圖完全亂掉。

3. 「i」這個關鍵字，除了用快速鍵輸入之外，還可以用「隱藏式選單」來輸入：

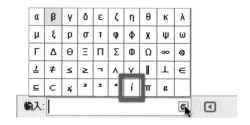

　　通常在任何需要輸入的地方，就會有這樣的隱藏式選單，如果不想記那麼多的快速鍵，利用此鍵也是個好方法。

6-3-5　複數的四則運算

　　在 GeoGebra 裡面，複數的四則運算跟大家在高中所學的計算方式沒兩樣，以下我們舉個範例來說明：

範例6-⑮：

假設我們現在有兩個複數：

$z = 2 + i$、$w = 1 - 2i$

以下我們列出其加減乘除的結果：

運算	結果	說明
z + w	$3 - i$	這個結果類似「向量」加法。
z − w	$1 + 3i$	這個結果類似「向量」減法。
z*w	$4 - 3i$	複數乘法有其獨特的幾何意義，在數學上，向量並沒有類似的運算。
z/w	i	跟複數乘法一樣，複數除法也有其獨特的幾何意義。

　　事實上，如果我們有兩個「點座標」或兩個「向量」，那麼在 GeoGebra 中，也可以對它們做四則運算，結果與複數的四則運算類似，但其中「相乘」時，有顯著的不同，請特別注意！以下我們特別整理成一個表，來說明它們有何異同。

範例6-⑯：

假設我們現在有兩個點：A = (2, 1)、B = (1, −2)，

則：

運算	結果	說明
A + B	點	A + B = (3, −1) 這個結果類似「向量」或「複數」的加法。
A − B	點	A − B = (1,3) 這個結果類似「向量」或「複數」的減法。
A*B	實數	A*B = 0 這是「向量內積」的算法，跟「複數乘法」完全不同，請特別小心！
A/B	複數	A/B = i 這個結果相當於「複數除法」。 當我們把兩個「向量」拿來相除的時候，也會發生類似的現象喔！

範例6-⑰：複數的 n 次方

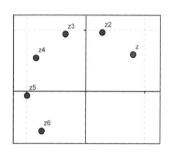

在 GeoGebra 中，複數除了可以做四則運算外，也可以做「次方」運算。假設我們現在有：

$$z = 0.8 + 0.6\,i$$

這時如果輸入以下的次方：

$$z\verb|^|2, z\verb|^|3, ..., z\verb|^|6$$

就會得到如左圖的各個複數點。

 注意：「^」(Shift+6) 代表「次方」運算。

　　從這個例子可以明顯看到「複數的次方有旋轉的現象」，而這個現象正是高中範圍的「棣美弗定理」所強調的現象之一！

Part II

数學大觀園

第七章　內建函數與運算

　　在這個章節中，我們來看看 GeoGebra 中到底有哪些內建的運算符號與內建函數，以及它們要到底可以用在哪些物件上面。

7-1　運算符號

運算	說明與範例	運算	說明與範例
+	加法。	⊗	二階行列式（外積）。
-	減法。	^	次方。
*	乘法。	!	階乘。
/	除法。		

7-2　內建函數

7-2-1　整數函數

函　數	說　明　與　範　例
floor(x)	取左邊整數 這個就是數學中常見的高斯符號 [x]。當一個數字介於兩個整數之間時，則取左邊的整數。 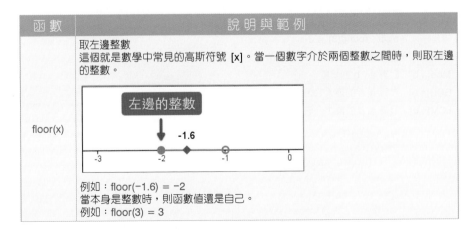 例如：floor(-1.6) = -2 當本身是整數時，則函數值還是自己。 例如：floor(3) = 3

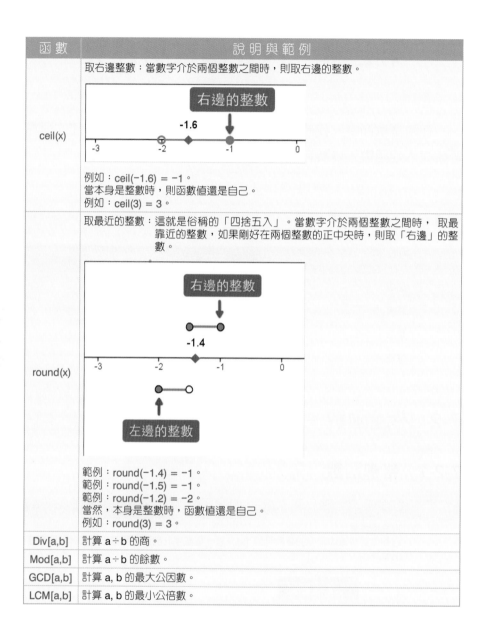

函 數	說 明 與 範 例
ceil(x)	取右邊整數：當數字介於兩個整數之間時，則取右邊的整數。 例如：ceil(−1.6) = −1。 當本身是整數時，則函數值還是自己。 例如：ceil(3) = 3。
round(x)	取最近的整數：這就是俗稱的「四捨五入」。當數字介於兩個整數之間時， 取最靠近的整數，如果剛好在兩個整數的正中央時，則取「右邊」的整數。 範例：round(−1.4) = −1。 範例：round(−1.5) = −1。 範例：round(−1.2) = −2。 當然，本身是整數時，函數值還是自己。 例如：round(3) = 3。
Div[a,b]	計算 a ÷ b 的商。
Mod[a,b]	計算 a ÷ b 的餘數。
GCD[a,b]	計算 a, b 的最大公因數。
LCM[a,b]	計算 a, b 的最小公倍數。

7-2-2 實數與複數函數

函 數	說 明 與 範 例
abs(x)	絕對值。
sgn(x) sign(x)	正負號。 如：sgn(3) = 1、sgn(0) = 0、sgn(−2) = −1。
arg(z)	複數的幅角。 如：arg(1 + sqrt(3)i)=60°。
conjugate(z)	共軛複數。 如：conjugate(2 + 3i) = 2 − 3i。
Min[a,b]	最小值。 如：Min[2,3] = 2。
Max[a,b]	最大值。 如：Max[2,3] = 3。

7-2-3 開根號

函 數	說 明 與 範 例
sqrt(x)	開根號。 如：sqrt(4) = 2。
cbrt(x)	開立方根。 如：cbrt(8) = 2。

7-2-4 指數函數

函 數	說 明 與 範 例
exp(x) e ^ x	自然指數函數（以尤拉數為底）。
a ^ x	指數函數（以 a 為底）。

7-2-5　對數函數

函 數	說 明 與 範 例
ln(x) log(x) log(e,x)	自然對數函數（以尤拉數為底）。
ld(x) log(2,x)	對數函數（以 2 為底）。
lg(x) log(10,x)	對數函數（以 10 為底）。
log(b,x)	對數函數（以 b 為底）。

7-2-6　三角函數

$\sin(x)$, $\cos(x)$, $\tan(x)$, $\cot(x)$, $\sec(x)$, $\csc(x)$ 六個三角函數全部支援。

7-2-7　反三角函數

函 數	說 明 與 範 例
asin(x) arcsin(x)	sin(x) 的反函數。
acos(x) arccos(x)	cos(x) 的反函數。
atan(x) arctan(x)	tan(x) 的反函數。
atan2(y,x)	計算出 (x,y) 點所在的角度，範圍從 $-\pi$ 到 π 它相當於 arctan(y/x)，但 arctan() 只能算出 $-\pi/2$ 到 $\pi/2$ 的角度範圍而已。

7-2-8　座標函數

函 數	說 明 與 範 例
x(A)	計算點或向量的 x 座標。
y(A)	計算點或向量的 y 座標。

7-2-9　機率函數

函　數	說 明 與 範 例
random()	隨機函數。 會產生 0 到 1 之間的亂數。
RandomBetween[a,b]	隨機函數。 會產生 a 到 b 之間的亂數（整數）。

7-2-10　雙曲函數

sinh(x), cosh(x), tanh(x), coth(x), sech(x), csch(x) 六個雙曲函數全部支援。

7-2-11　反雙曲函數

函　數	說 明 與 範 例
asinh(x) arcsinh(x)	sinh(x) 的反函數。
acosh(x) arccosh(x)	cosh(x) 的反函數。
atanh(x) arctanh(x)	tanh(x) 的反函數。

Part II

數學大觀園

第八章　自定函數與曲線

　　除了系統內建的函數之外，我們也可以用已有的變數或函數來輸入一個新的函數，而且除了像 sin(x)、abs(x) 這種「單變數」函數之外，我們還可以定義「多變數」函數。

　　甚至於，GeoGebra 也可以讓我們以各種物件當做是函數的自變數，然後輸出任何物件，這一種「函數」其實稱為「指令」或「自製工具」，也是 GeoGebra 最強大的功能之一。

8-1　函數

　　首先，我們先來了解「單變數」函數吧！只要輸入一個變數，就會得到另一個變數的函數，就稱為「單變數」函數，以下我們在指令列中輸入一些範例供大家參考：

範例8-①：

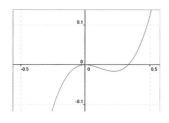

f(x) = 3 x ^ 3 − x ^ 2

範例8-②：

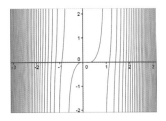

函數合成：我們可以將上個例子中的函數與現有的 tan(x) 函數合成在一起，例如：g(x) = tan(f(x))。

範例8-③：

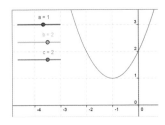

假設我們已經有：a = 1、b = 2、c = 2
這時如果輸入：
f(x) = a*x＾2+b*x+c，
可得右圖。

　　在這類含有可變動的係數的函數圖形裡，我們可以透過調整這些係數的大小，來觀察係數的改變對函數圖形有哪些影響，這樣的功能，不管是用於教學或用於研究，都是很好的應用。

8-1-1　限制函數區間

　　如果今天我們要將函數限制在某個區間內，然後只畫出這個部分的圖形，又要如何做呢？

　　說起來很有趣，在 GeoGebra 中有兩種作法，而且這兩種作法不同的地方非常微妙，請看以下的說明：

方法一：利用 Function[] 指令

範例8-④：

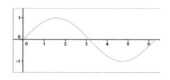

畫出 sin(x) 在 0 到 2π 之間的函數圖形。輸入：
Function[sin(x), 0, 2π]。

範例8-⑤：

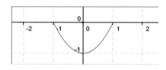

畫出 $f(x) = x^2 - 1$

在 -1 到 1 之間的函數圖形。

假設我們已經有函數：

f(x) = x^2 - 1。

這時只要輸入「Function[f, -1, 1]」即可。

注意：當我們使用此指令來限制自定函數的範圍時，要輸入
Function[f, -1, 1]，而不是 Function[f(x), -1, 1]，但是奇怪
的是，如果使用內建函數時，情況剛好相反，就像上一
個範例中使用到 sin(x)，這時必須輸入 Function[sin(x), 0,
2π]，不是 Function[sin, 0, 2π] 喔！

方法二：利用 If[] 指令

範例8-⑥：

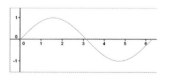

畫出 sin(x) 在 0 到 2π 之間的函數圖形。
請輸入：f(x) = If[0<x<2π, sin(x)]
這時得到的圖形跟上一個方法一樣。

既然當我們輸入以下兩式時，所得到的圖形都一樣：

$$f(x) = \text{Function}[\sin(x), 0, 2\pi]$$
$$g(x) = \text{If}[0 < x < 2\pi, \sin(x)]$$

那麼這兩種方法，除了使用不同指令之外，到底有何不同？

首先，我們先來分析 $f(x) = \text{Function}[\sin(x), 0, 2\pi]$。

　注意：這個指令告訴 GeoGebra 兩件事情：

　1. $f(x)$ 就是 $\sin(x)$
　2. 只畫出 0 到 2π 之間的函數圖形

這個指令雖然只有畫出 0 到 2π 之間的函數圖形，但是我們還是可以計算像 $f(-3)$、$f(100)$ 等等這些 x 變數完全不在 0 到 2π 之間的函數值，也就是我們可以計算的 x 變數範圍完全跟 $\sin(x)$ 一模一樣！

再來，我們來說說 $g(x) = \text{If}[0 < x < 2\pi, \sin(x)]$。

這個指令也告訴 GeoGebra 兩件事情：

　3. 當 $0 < x < 2\pi$ 時，$g(x)$ 就是 $\sin(x)$
　4. 當 x 不在 0 到 2π 之間時，$g(x)$ 無定義！

所以雖然 $f(-3)$、$f(100)$ 可以算，但如果你嘗試計算 $g(-3)$、$g(100)$ 時，GeoGebra 就會給你「未定義」的結果喔！

8-1-2　條件式函數

這一章節，我們為大家介紹如何「拼裝」不同的函數。

如果我們要定義一個函數 —— 在 0 以上時，是 $\sin(x)$；在 0 以下時，是 $\frac{1}{3}x^2 + x$，這時又該如何輸入？請看以下範例：

範例8-⑦：

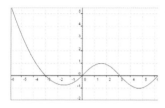

假設我們已經有兩個函數：

f(x) = sin(x)
g(x) = x(x + 3)/3

這時輸入：

h(x) = If[x > 0, f(x), g(x)]

就可得到右圖。這個圖形，右邊是三角函數，左邊是二次函數。

　　如果我們要拼裝三個以上的函數時，情況就更複雜了，不過還是使用 If[] 指令，只是要使用兩層以上而已。

　　假設我們今天要畫以下函數的圖形：

$$f(x) = \begin{cases} 0,\ x < -1 \\ 1 - x^2,\ -1 \le x \le 1 \\ x^2 - 1,\ 1 < x \end{cases}$$

又要如何輸入呢？請看下列範例。

範例8-⑧：

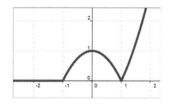

請輸入：

f(x) = If[x < -1,
　　　　0,
　　　　If[1 < x, x^2-1, 1-x^2]
]

就可以得到左圖。

　　這個指令告訴 GeoGebra：只要 x < -1 就取函數值為 0，如果 x >= -1 時，就判斷 x 有沒有在 x > 1 的範圍內，如果有，就取函數值為 x^2-1，如果沒有，就取值為 1-x^2。

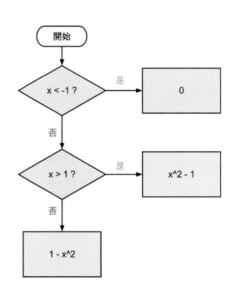

從這個例子可以看到：如果我們要拼裝三段不同的函數，就會用到兩層的 If [] 指令，如果要拼裝四段不同的函數，就會用到三層的 If [] 指令，以此類推。

8-1-3　多變數函數

自從 4.0 的版本開始，GeoGebra 就支援「多變數」的函數，也就是我們不再侷限於像 f(x)、g(x)、h(x) 這種單變數的函數，也可以開始使用像 f(x,y)、g(a,b,c)、h(p,q,r,s) 這種的多變數函數，因此讓 GeoGebra 的函數功能又更上一層樓。

範例8-⑨：
　　定義 f(x,y) = x^2 + y^2
　　這時如果輸入 f(1,2) 就會得到 5。

範例8-⑩：

　　定義 g(a,b,c) = a + 2b + 3c

　　這時如果輸入 g(1,2,3) 就會得到 14。

從上面的範例可以看到：變數名稱不一定要用 x、y！

　　事實上，GeoGebra 可以做的，比我們上面說的還多。比方說：如果我們要輸入 A、B、C 三個點座標，然後就要直接得到它們的「內心座標」呢？雖然 GeoGebra 的內建函數沒有這個功能，但是它卻可以利用「自製工具」來達到此功能，讓我們可以利用類似 f[A,B,C] 的指令形式，馬上就得到內心座標喔！

　　關於這個比較進階的部分，請參閱後面「自製工具」的章節。

注意：在 GeoGebra 中，「函數」與「指令」有兩點不同。
1. 函數使用「小括號」括住變數，例如 f(x)，而指令使用「中括號」括住變數，例如 f[A,B,C]。
2. 函數輸入的變數只能是「數值」，產出的函數值也是數值，而指令的輸入變數可以是任何物件（包含數值），也可以產出任何物件。因此，相對而言，指令的功能是比函數強大的。

8-2　圓錐曲線

　　圓錐曲線除了可以利用工具列上的「圓錐曲線類」工具來產生外，也可以使用「二元二次方程式」來直接輸入，接著我們輸入幾個範例給大家參考。

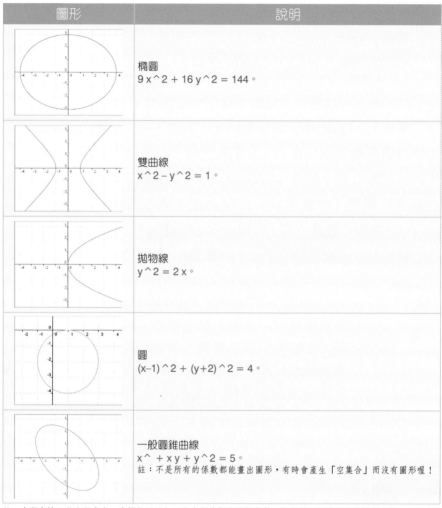

圖形	說明
	橢圓 9 x^2 + 16 y^2 = 144。
	雙曲線 x^2 – y^2 = 1。
	拋物線 y^2 = 2 x。
	圓 (x–1)^2 + (y+2)^2 = 4。
	一般圓錐曲線 x^ ＋ x y ＋ y^2 = 5。 註：不是所有的係數都能畫出圖形，有時會產生「空集合」而沒有圖形喔！

註：在所有輸入的方程式中，我們都可以加入事先定義好的任何參數。比方說，如果我們的圖檔中有 a＝4、b＝3 兩個變數，這時我們可輸入「x^2/a^2 + y^2/b^2 = 1」，繪圖區就會出現一個由 a、b 兩個變數所控制的橢圓！

8-3　一般曲線

　　GeoGebra 的能力不止於畫一次的直線或二次的圓錐曲線而已，它還可以畫二元三次以上的方程式，或是曲線參數式。另外，在這

一節中，我們也會介紹如何畫出通過一些既有的點的「最佳逼近曲線」。

8-3-1　曲線方程式

我們可以直接在指令列中輸入曲線方程式，但只能是 x 與 y 的多項方程式。

範例8-⑪：

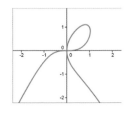

$x^4 + y^3 = 2xy$

範例8-⑫：

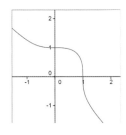

$x^3 + y^3 = 1$

　注意：我們可以用「新點」工具或 Point[] 指令來產生曲線上的動點，也可以用「切線」工具或 Tangent[] 指令來畫曲線上的切線，詳細的作法請看下面的解說。

如果我們有上面範例中的曲線：

a: x^4 + y^3 = 2 x y

現在我們來示範如何在此曲線上畫切線：

範例8-⑬：

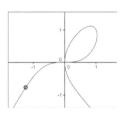　

・先利用「新點」工具在曲線上點一下，這樣就
　會在此曲線上產生一個新點。（設此點為 A）
・輸入指令 A = Point[a]，有同樣的效果。

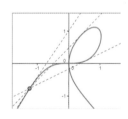　

・接著，切換到「切線」工具，然後在此點上
　點一下，隨後馬上在曲線上點一下，這樣
　GeoGebra 就會嘗試畫出所有通過此點，並與
　此曲線相切的切線。
・此與輸入指令 Tangent[A,a] 效果相同。

　　除了直接輸入方程式之外，GeoGebra 還提供另一種非常特
別的方式來畫曲線—我們先提供某「特殊數量」的點，然後利用
ImplicitCurve[] 這個指令來畫出通過這些點的曲線。

範例8-⑭：

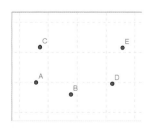

假設繪圖區已經有五個點 A、B、C、D、E。

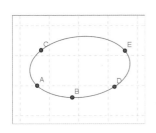

・這時如果輸入：

s = {A,B,C,D,E}

ImplicitCurve[s]

結果會得到左圖。這是個二元二次方程式，也就是圓錐曲線。

 注意：我們也可以直接輸入 ImplicitCurve[A,B,C,D,E]，效果是一樣的。就這個例子而言，如果我們用「圓錐曲線（過五點）」工具，或者是利用 Conic[A,B,C,D,E] 指令，效果也都雷同。

範例8-⑮：

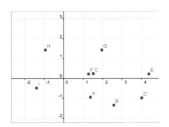

假設現在繪圖區有九個點 A, B, C, ... H, I。

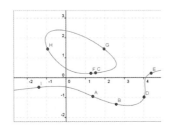

這時如果輸入：

s = {A,B,C,D,E,F,G,H,I}

ImplicitCurve[s]

結果會得到左圖。

　　這是個二元三次方程式，它通過所有給定的點，而且我們可以明顯看到：GeoGebra 所找到的曲線不一定是連續的，有時候會分成

好幾個部分。

　　事實上，GeoGebra 不只幫我們畫出曲線而已，如果你注意看，就會發現在代數區中，也會顯現此曲線的方程式喔！

- 應變物件
  - ○ $a : x^2 - 0.36xy - 5.8x + 2.8y^2 + 2.81y = -5.8$
  - ◉ $b : x^3 - 5.32x^2y - 5.32x^2 - 11.69xy^2 + 19.44xy + 6.58x - 12.81y^3 + 30.37y^2 + 2.69y = 6.57$
  - ○ $f(x) = -1.01 x^4 + 13.02 x^3 - 58.89 x^2 + 109.42 x - 70.32$

　　利用這個 ImplicitCurve[] 指令來畫通過某些點的曲線時，要注意一件事，那就是方程式的「次數」，與我們所給的「點的數目」有固定的關係：

　　如果要畫 n 次的圖形，就必須給它 $\dfrac{n(n+3)}{2}$ 個點才行！

下面我們列個表，讓大家方便參考：

方程式的次數	點的個數
二元一次（直線）	2
二元二次（圓錐曲線）	5
二元三次	9
二元四次	14
二元五次	20

雖然畫幾次的方程式跟給幾個點有關係，但跟所給的點的「順序」沒有關係，比方說當我們設：

s = {A,B,C,D,E,F,G,H,I}

或是設

s = {D,C,B,A,E,F,G,H,I}

ImplicitCurve[s] 指令所畫出來的圖形都是一樣的。

8-3-2 曲線參數式

在數學上，類似像下面的方程式：

$$\begin{cases} x = 2 + 3\cos(t) \\ y = 3 + 4\sin(t) \end{cases}$$

統稱為「參數式」，其中 t 為「參數」。

利用參數 t 來計算出 (x,y) 的座標位置，這是描述數學曲線的主要方式之一。

在 GeoGebra 中，我們利用 Curve[f(t),g(t),t,a,b] 指令來產生曲線參數式，其中 f(t) 與 g(t) 分別用於計算 x 座標與 y 座標，a 與 b 則是用於指定參數 t 的範圍。

範例8-⑯：

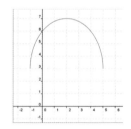

假設

f(t) = 2 + 3cos(t)

g(t) = 3 + 4sin(t)

如果輸入：

Curve[f(t),g(t),t,0,π]

結果會得到右圖。這是半個橢圓。

有時候，一些複雜的方程式會產生有趣的曲線，下面我們來舉一個例子：

範例8-⑰：假設我們有

f(t) = e^cos(t)-2cos(4t)-sin(t/12)^5

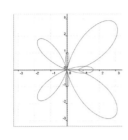

這時如果輸入：

Curve[

　f(t)*cos(t),

　f(t)*sin(t),

　t,0,2π

]

結果會得左圖。這個曲線又稱為「蝴蝶曲線」（Butterfly Curve）。

　注意：利用 Curve[] 指令所畫出的參數式圖形具有以下的幾個特點：

1. 曲線參數式可以當成一般的「函數」來使用，比方說我們有

$$c = Curve[f(t), g(t), t, a, b]$$

這時如果我們在指令列中輸入 c(3) 時，我們會得到一個新的點，座標為 (f(3),g(3))。

2. 跟上一章節中的「曲線方程式」一樣，如果我們要在「曲線參數式」上新增一點，我們可以利用「新點」工具或是 Point[] 指令。如果要畫曲線上一點的切線，我們可以用「切線」工具，也可以用 Tangent[] 指令。

3. 參數 t 的範圍起點 a 與終點 b 可以是變數的，因此當這兩個變數變動時，曲線也會跟著變動。

8-3-3　最佳逼近曲線

假設在繪圖區中，我們已經有五個點。

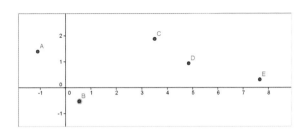

　　如果我們要畫一個多項式函數完全通過這些點，這時可使用
Polynomial[] 指令來完成。

範例8-⑱：

　　輸入

$$s = \{A,B,C,D,E\}$$

$$Polynomial[s]$$

結果會得到下圖。

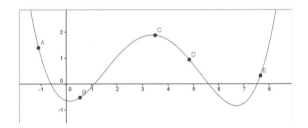

 注意：除了指定一個類似 s = {A,B,C,D,E} 的點集合
　　　　給 Polynomial[] 指令外，我們也可以直接輸入
　　　　Polynomial[A,B,C,D,E]，效果是一樣的。

　　如果我們一開始並不是要一個「完全通過」這些點的函數，而
只是要找一個「最接近」這些點的一個多項式而已，這時可以使用
FitPoly[] 指令，但除了告訴它要逼近哪些點之外，還要告訴它要用
幾次的多項式來逼近。

範例8-⑲：

　　假設我們擁有跟上例一樣的五個點，這時如果輸入：

$$s = \{A,B,C,D,E\}$$

$$FitPoly[s,3]$$

　　結果會得到下圖：

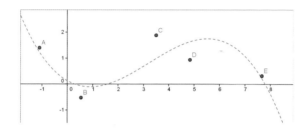

　　在這個例子中，我們用 3 次多項式來逼近這些點。如果我們使用 FitPoly[s,2] 指令，那麼 GeoGebra 就會用 2 次多項式來逼近，以此類推。

Part II

數學大觀園

第九章　集合

在 GeoGebra 中也有類似「集合」的物件。在數學中，如果要將一系列的元素視為一個整體來看待，通常使用大括號「{}」將這些元素括起來，在 GeoGebra 中也是如此，以下我們舉幾個範例：

範例9-①：

假設我們現在有三點 A、B、C

這時如果輸入：「L = {A, B, C}」

就會得到一個稱為 L 的集合。

範例9-②：

如果我們直接輸入：「M = {(0,0),(1,1),(2,2)}」

就會得到一個擁有三的點座標集合。

注意：同一個集合內，可以包含不同類型的物件。例如在同一個集合中，我們可以放入一個點、兩條直線、三個多邊形等等。

9-1　Sequence 指令

如果我們一直使用直接輸入每個元素的方式來產生集合，這當然是非常沒有效率的事情，還好我們幾乎不需要這麼做，因為 Geo-Gebra 提供一個叫做 Sequence[] 的指令，讓我們可以快速地產生集合，它可以說是 GeoGebra 的指令中最方便的指令之一了！

下面我們來舉幾個例子，讓大家看看如何使用這個指令。

範例9-③：

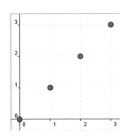

如果我們輸入：Sequence[(k,k),k,0,3]
就會得到一個擁有四個點的集合
$\{(0,0),(1,1),(2,2),(3,3)\}$。

現在我們來解說一下這個指令的結構：

$$\text{Sequence}[\ \underbrace{(k,k)}_{①}\ ,\ \underbrace{k,\ 0,\ 3}_{②}\ ]$$

　　Sequence[] 指令包含兩個部分，第一個部分是我們要產生的「物件」。在這個例子中，我們輸入「(k,k)」，這表示我們要產生的是一系列的點，座標為 (k,k)。

　　Sequence[] 指令的第二部分為「變數範圍」。在此例中我們輸入「k,0,3」，這表示我們要讓變數 k 從 0 變到 3，也就是 k = 0, 1, 2, 3，因此所產生的集合有四個點。

 　　注意：此指令所用到的變數 k 是一個「呆變數」，你給它什麼名字都沒關係，因此我們輸入以下任何一個指令：

Sequence[(s,s),s,0,3]
Sequence[(t,t),t,0,3]
Sequence[(j,j),j,0,3]

　　所得到的圖形都是一模一樣的！

　　如果學會使用 Sequence[] 指令，我們可畫出的圖形可說是無窮
無盡。以下我們再多舉一些例子：

範例9-④：

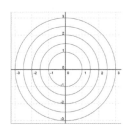

如果我們輸入：

Sequence[

　Circle[(0,0),k],

　　k,1,3,0.5

]

就會得到五個圓圈的集合。

 注意：這個例子中所畫的對象是：Circle[(0,0),k]，這是畫圓的
　　　　指令，其中 (0,0) 是圓心，k 為半徑。

　　後面的「k,1,3,0.5」指明變數 k 要從 1 變到 3，但間距為
「0.5」，也就是 k 從 1 開始，每次增加 0.5，一直到 3 為止，所以 k =
1, 1.5, 2, 2.5 ,3，因此圖中有五個圓。

範例9-⑤：

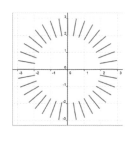

如果我們輸入：

Sequence[

　Segment[(2;k°),(3;k°)],

　　k,10,360,10

]

就會得到每 10°為一間隔的線段集合。

　　這個例子中所畫的對象是：Segment[(2;k°),(3;k°)]。

Segment[] 是畫線段的指令，裡面需要給它兩個點，當做是線段的起點與終點。

 注意：此例中我們用的是「極座標」，所以座標是用「分號」
　　　 隔開的喔！

9-2　多層的 Sequence 指令

Sequence[] 這個指令不只可以使用一個變數而已，事實上我們可以有多層次的 Sequence[] 指令，以下請看範例：

範例9-⑥：

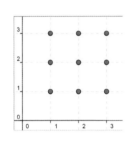

如果輸入

Sequence[
　　Sequence[(j,k),j,1,3],
　　k,1,3
]

就會得到 9 個格子點所成的集合。

這個例子中所畫的對象是：Sequence[(j,k),j,1,3]
也就是說，又是另一個「集合」。就細節來說：

當 k = 1 時，Sequence[(j,k),j,1,3] = {(1,1),(2,1),(3,1)}
當 k = 2 時，Sequence[(j,k),j,1,3] = {(1,2),(2,2),(3,2)}
當 k = 3 時，Sequence[(j,k),j,1,3] = {(1,3),(2,3),(3,3)}

因此，這樣的指令會產生「雙層」的集合：

{ {(1,1),(2,1),(3,1)}, {(1,2),(2,2),(3,2)}, {(1,3),(2,3),(3,3)} } }

雖然在繪圖區中，它呈現出來的樣子就是九個點，但如果你仔細看，會發現在代數區中，它有兩層的大括號，這個細節在編寫集合的相關指令時，可是非常重要的喔！

我們再來看另一個範例：

範例9-⑦：

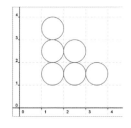

如果我們輸入：

```
Sequence[
 Sequence[
  Circle[(j + 0.5,k + 0.5),0.5],
  j,1,4-k
 ],
 k,1,3
]
```

就會得到 6 個疊在一起的圓：

注意：這個例子中所畫的對象是：

Sequence[Circle[(j + 0.5,k + 0.5),0.5],j,1,4-k]

也就是一系列的圓。就細節來說：

當 k = 1 時，4 − k = 3，j = 1,2,3，所以會得到 3 個圓。
當 k = 2 時，4 − k = 2，j = 1,2，所以會得到 2 個圓。
當 k = 3 時，4 − k = 1，j = 1，所以會得到 1 個圓。

因此，這樣的指令總共會產生 6 個圓。

9-3　集合的運算與指令

　　下面我們來介紹一些跟「集合」相關的運算，如取「交集」、「聯集」、「差集」，或是元素與集合之間的「屬於」關係，還有集合與集合之間的「包含」關係等。

運算	說明與範例
$\in$	屬於：用於判斷某元素是否在集合裡面。 範例9-⑧：假設我們現在有： A = (1,1) s = {(1,1), (2,2), (3,3)} 這時如果輸入：「A ∈ s」 則結果會得到：「true」。
	注意：這個屬於符號「∈」與下面兩個包含符號「⊆」、「⊂」，只能利用「隱藏式小鍵盤」輸入喔！ 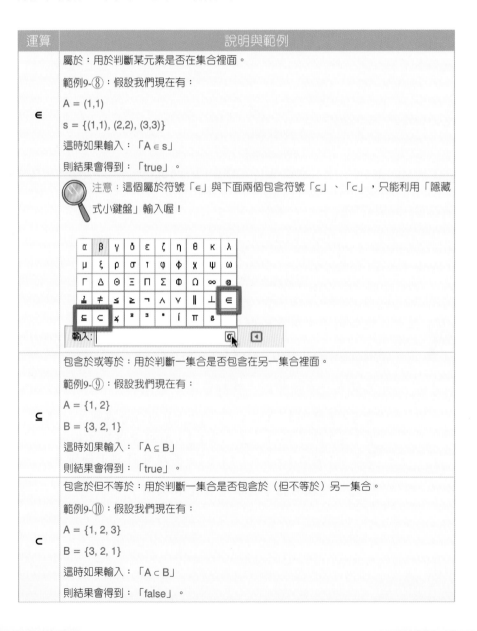
$\subseteq$	包含於或等於：用於判斷一集合是否包含在另一集合裡面。 範例9-⑨：假設我們現在有： A = {1, 2} B = {3, 2, 1} 這時如果輸入：「A ⊆ B」 則結果會得到：「true」。
$\subset$	包含於但不等於：用於判斷一集合是否包含於（但不等於）另一集合。 範例9-⑩：假設我們現在有： A = {1, 2, 3} B = {3, 2, 1} 這時如果輸入：「A ⊂ B」 則結果會得到：「false」。

運算	說明與範例
∩	交集：GeoGebra 系統中並沒有這個「∩」交集符號，我們必須要利用 Intersection[] 這個指令來產生兩個集合的交集，這點請大家要注意！ 範例9-⑪：假設我們現在有： A = {1, 2, 3, 4} B = {3, 4, 5, 6} 這時輸入：Intersection[A, B] 結果會得：{3, 4}。 注意：請勿與 Intersect[] 指令混淆，這個指令是用來求「交點」的。
∪	聯集：跟交集符號一樣，GeoGebra 系統中也沒有「∪」聯集符號，我們必須要利用 Union[] 這個指令來產生兩個集合的聯集。 範例9-⑫：假設我們現在有： A = {1, 2, 3, 4} B = {3, 4, 5, 6} 這時輸入：Union[A, B] 結果會得：{1,2,3,4,5,6}。
\	差集：這個「\」差集符號，鍵盤上就有了，請直接使用鍵盤輸入。 範例9-⑬：假設我們現在有： A = {1, 2, 3, 4} B = {3, 4, 5, 6} 這時輸入：C = A\B 結果會得：C = {1,2}。

Part II

数學大觀園

第十章　矩陣

　　在比較高等的數學中，矩陣是一個不可或缺的計算工具，Geo-
Gebra 也支援矩陣的計算，請看以下的簡介。

10-1　輸入矩陣

　　在 GeoGebra 中，可以使用指令列來輸入矩陣，也可以使用「試
算表」來輸入矩陣。

10-1-1　使用指令列

範例10-①：

　　假設現在要輸入下面的矩陣：

$$\begin{bmatrix} 1 & 2 & 3 \\ 4 & 5 & 6 \\ 7 & 8 & 9 \end{bmatrix}$$

　　我們可以在指令列中輸入：

A = {{1, 2, 3}, {4, 5, 6}, {7, 8, 9}}

　　這時就會在「代數區」出現一個 3×3 矩陣。

□ 自變物件
　　○ A = $\begin{pmatrix} 1 & 2 & 3 \\ 4 & 5 & 6 \\ 7 & 8 & 9 \end{pmatrix}$

注意：在此例中，{1, 2, 3}, {4, 5, 6}, {7, 8, 9}分別代表矩陣的第
　　　一、二、三列。

範例10-②：

假設現在要輸入下面的矩陣：

$$\begin{bmatrix} 1 & 2 \\ 3 & 4 \\ 5 & 6 \end{bmatrix}$$

我們可以在指令列中輸入：

B = {{1,2}, {3,4}, {5,6}}

這時就會在「代數區」出現一個 3×2 矩陣。

$$\circ \ B = \begin{pmatrix} 1 & 2 \\ 3 & 4 \\ 5 & 6 \end{pmatrix}$$

10-1-2　使用試算表

在預設的狀況下，「試算表」是不會自動顯示的，如何使用，其方法如下：

檢視	格局	選項	工具	視窗	說明

✓ ⊥ 座標軸
✓ ▦ 格線

✓ 　代數區　　　　　　Ctrl+Shift+A
　　　試算表　　　　　　Ctrl+Shift+S
✓ 　主繪圖區　　　　　Ctrl+Shift+1
　　　副繪圖區　　　　　Ctrl+Shift+2
　　　構圖技本　　　　　Ctrl+Shift+L

　　　鍵盤

　　　指令列　　　　　　▶
　　　工具列　　　　　　▶
　　　顯示「導播欄」按鈕　▶

🔃 清除所有痕跡　　　Ctrl+F
　　　重算所有亂數　　　Ctrl+R

Step 1. 首先，必須先到「檢視」功能表中打開「試算表」，這時它才會出現。

試算表			
	A	B	C
1	1	2	3
2	4	5	6
3	7	8	9

Step 2. 現在假設我們已經在試算表的 A1～C3 儲存格中輸入了左邊的數字：

試算表			
	A	B	C
1	1	2	3
2	4	5	6
3	7	8	9
4			

Step 3. 這時我們可以利用滑鼠左鍵，將這些儲存格框起來。

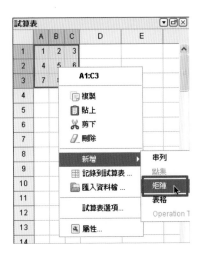

Step 4. 然後再按滑鼠「右鍵」叫出快顯功能表。

（試算表右鍵選單內容）
A1:C3
複製
貼上
剪下
刪除
新增 ▶ 串列
記錄到試算表 …   點集
匯入資料檔 …   矩陣
試算表選項 …   表格
屬性 …   Operation

□ 應變物件
matrix1 = $\begin{pmatrix} 1 & 2 & 3 \\ 4 & 5 & 6 \\ 7 & 8 & 9 \end{pmatrix}$

Step 5. 接著選擇「新增／矩陣」，這時「代數區」就會出現一個新的矩陣（系統會將它自動命名為 matrix1）。

　　用「指令列」與用「試算表」來輸入矩陣到底有什麼不同呢？如果打開上例中的 matrix1 矩陣的屬性來看，我們會發現它的定義式為「{{A1, B1, C1}, {A2, B2, C2}, {A3, B3, C3}}」，這些都是 A1～C3 儲存格的名稱，因此只要這些儲存格有任何一個數值有所變更，這個 matrix1 矩陣也會跟著變更。

　　好了，現在大家會輸入矩陣之後，我們來看看矩陣有哪些運算。

10-2　矩陣運算

運算	說明與範例
+ −	加、減法：只要是兩個相同大小的矩陣，就可以做加法與減法。 例如10-③：假設我們有兩個 3×3 矩陣： A = {{1,2,3}, {4,5,6}, {7,8,9}} B = {{1,1,1}, {1,1,1}, {1,1,1}} 這時如果輸入 A + B，會得到： $$\begin{pmatrix} 2 & 3 & 4 \\ 5 & 6 & 7 \\ 8 & 9 & 10 \end{pmatrix}$$ 如果輸入 A − B，會得到： $$\begin{pmatrix} 0 & 1 & 2 \\ 3 & 4 & 5 \\ 6 & 7 & 8 \end{pmatrix}。$$
*	乘法：矩陣乘法有其特殊的規則，並不是任意兩個矩陣都可以相乘。 例如10-④：假設我們有： A = {{1,2,3}, {4,5,6}, {7,8,9}} B = {{1,2}, {3,4}, {5,6}} 這時如果輸入 A*B，就會得到： $$\begin{pmatrix} 22 & 28 \\ 49 & 64 \\ 76 & 100 \end{pmatrix}。$$
^	次方：次方的運算只適用於「方陣」。 例如10-⑤：假設我們有： A = {{0,1,0}, {0, 0, 1}, {0, 0, 0}} 這時如果輸入「A^2」，結果會得到： $$A^2 = \begin{pmatrix} 0 & 0 & 1 \\ 0 & 0 & 0 \\ 0 & 0 & 0 \end{pmatrix}$$ 較特別的是，當我們計算「0 次方」時，會得到所謂的「單位矩陣」。 例如10-⑥：如果輸入「A^0」，結果會得到： $$A^0 = \begin{pmatrix} 1 & 0 & 0 \\ 0 & 1 & 0 \\ 0 & 0 & 1 \end{pmatrix}。$$

綜合以上所說的，甚至於我們可以輸入一個「矩陣多項式」。

假設我們有：

A = {{1, 0, 1}, {2, -1, 0}, {-1, 1, 1}}

這時如果輸入「A^2 - 3A + 2A^0」，結果會得到：

$$A^2 - 3A + 2A^0 = \begin{pmatrix} -1 & 1 & -1 \\ -6 & 6 & 2 \\ 3 & -3 & -1 \end{pmatrix}$$

 注意：在 GeoGebra 中，關於矩陣乘法有一個常見的錯誤，但卻不容易發現錯在哪裡的狀況。假設我們今天要做下列的矩陣乘法：

$$\begin{pmatrix} 1 & 2 & 3 \\ 4 & 5 & 6 \\ 7 & 8 & 9 \end{pmatrix} \begin{pmatrix} 1 \\ 2 \\ 3 \end{pmatrix}$$

如果我們輸入：

A = {{1, 2, 3}, {4, 5, 6}, {7, 8, 9}}
u = {1,2,3}

然後計算：

「A*u」

這時會得到一個錯誤的結果。

正確的輸入方式應該是這樣：

A = {{1, 2, 3}, {4, 5, 6}, {7, 8, 9}}
u = {{1}, {2}, {3}}

也就是說，凡是我們要當成「矩陣」的物件，一定要用「雙

層」的大括號，不管它是不是只有一行還是一列！

　　另外，GeoGebra 允許我們使用 2×2 的矩陣乘與另一個點或向量做相乘的動作，得到的結果就是這個點或向量經過此矩陣變換的點座標。

範例10-⑦：

　　假設我們現在有：

　　矩陣：A = {{1, 2}, {3, 4}}
　　向量：u = (3, 4)

　　這時如果輸入：

　　「A*u」

　　則結果會得到：
　　「(11, 25)」（變換後的點座標）。

10-3　矩陣指令

　　下面我們列出一些常見的矩陣函數，如求矩陣的「行列式值」、「反矩陣」、「單位矩陣」或「轉置矩陣」等：

指令	說明與範例
Determinant[]	行列式值 例如10-⑧：假設我們有： A = {{1,2},{3,4}} 這時如果輸入： Determinant[A] 就會得到行列式值： $\begin{vmatrix} 1 & 2 \\ 3 & 4 \end{vmatrix} = -2$。
Invert[]	反矩陣： 如上例，如果輸入： Invert[A] 就會得到 A 的反矩陣： $\begin{pmatrix} -2 & 1 \\ 1.5 & -0.5 \end{pmatrix}$。
Identity[]	單位矩陣 例如10-⑨：輸入 A = Identity[2] 會得到 A = {{1,0},{0,1}} 也就是： $\begin{pmatrix} 1 & 0 \\ 0 & 1 \end{pmatrix}$。 注意：這個指令只是讓我們可以快速產生單位矩陣而已，請勿用於其他計算，否則會產生錯誤訊息。 例如10-⑩：假設我們已經有一個 2 階方陣 A，這時如果輸入「B = A + Identity[2]」，就會產生錯誤訊息： GeoGebra - 錯誤 無效的輸入： Identity[2] 確定
Transpose[]	轉置矩陣 把矩陣的每一橫列轉成直行。 例如10-⑪：假設我們有： A = {{1,2},{3,4},{5,6}} 也就是： $A = \begin{pmatrix} 1 & 2 \\ 3 & 4 \\ 5 & 6 \end{pmatrix}$ 這時如果輸入： Transpose[A] 就會得到 A 的轉置矩陣： $\begin{pmatrix} 1 & 3 & 5 \\ 2 & 4 & 6 \end{pmatrix}$。

其他矩陣的相關指令，請查閱官方說明：

http://wiki.geogebra.org/en/Matrix_Commands

Part II

数學大觀園

第十一章　微積分

11-1　導函數

假設今天有一個函數：「f(x) = 3x^3-x^2」，如果我們要求它的一次微分、二次微分或三次微分等，我們可以利用 Derivative[] 這個指令。

「Derivative[f]」可得一次微分。

「Derivative[f,2]」可得二次微分。

「Derivative[f,3]」可得三次微分，以此類推。

比較特別的是：微分也可以利用鍵盤上的「'」符號來輸入，而且要微分幾次，就按幾次這個鍵，例如：

一次微分，可輸入：「f'(x)」

二次微分，可輸入：「f''(x)」

三次微分，可輸入：「f'''(x)」

這個「'」符號也可以混在其他計算式裡，例如：

$$g(x) = \cos(f'(x + 2))$$

11-2　極值

GeoGebra 用 Extremum[] 指令來畫函數的「極值」。如果我們給的函數是一個多項式，這個指令會畫出所有的極值點，但如果是其他的連續函數，則必須告訴它 x 的範圍，此指令才會畫出此範圍內的所有極值。

範例11-①：

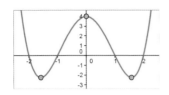

f(x) = (x^2-1)(x^2-4)

Extremum[f]。

範例11-②：

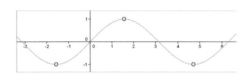

f(x) = sin(x)

Extremum[f,-3,6]

畫出sin(x)在 -3 ≤ x ≤ 6 這個範圍內的

極值點。

 注意：如果我們對這個 sin(x) 函數直接使用 Extremum[f] 指令，
而不指定一個範圍給它的話，會出現錯誤訊息喔！

11-3　反曲點

在函數「向上凹」與「向下凹」的交界處，數學上稱為「反曲
點」，GeoGebra 用 InflectionPoint[] 指令來畫這樣的點。

範例11-③：

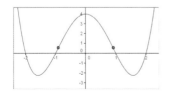

f(x) = (x^2-1)(x^2-4)

InflectionPoint[f]

注意：這個指令只適用於多項式函數。

11-4 泰勒展開式

泰勒展開式是利用多項式來逼近可微分函數的一種數學方法，GeoGebra 利用 TaylorPolynomial[] 指令來畫這種展開式。

範例11-④：

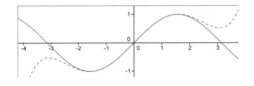

```
f(x) = sin(x)
TaylorPolynomial[
    f,0,5
]
```

這表示我們要在 x = 0 附近，利用 5 次多項式來逼近 sin(x) 函數。上圖實線的部分為 f(x)=sin(x)，虛線的部分才是它的泰勒展開式：x-x^3/3!+x^5/5!

下面我們畫出在 x = 0 附近，分別利用1、3、5、7、9 次的多項式來逼近 sin(x) 函數。在圖中可以很明顯看到：所用的次數越高，所得到的多項式就越逼近原來的函數。

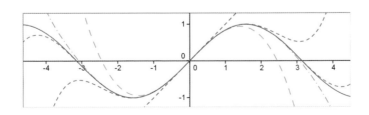

11-5　密切圓

GeoGebra 用 OsculatingCircle[] 指令來畫「密切圓」。

範例11-⑤

f(x) = sin(x)

OsculatingCircle[A, f]。

（假設 A 為 f(x) 函數上一個動點）

　　一般說來，密切圓的半徑越小，曲線在該點的彎曲度越大，半徑越大彎曲度越小。下圖分別畫出了三個點的密切圓：

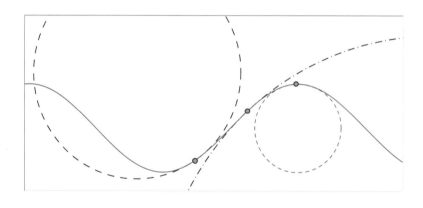

　　現在我們來為大家介紹如何利用 GeoGebra 來做「積分」。

11-6　定積分

範例11-⑥

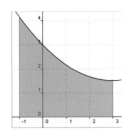

f(x) = x^2/6 - x + 3

a = -1、b = 3

Integral[f, a, b]

　　積分指令 Integral[f,a,b] 會將 f(x) 從 a 到 b 之間所涵蓋的面積畫出來，並且計算出其面積值（也就是定積分）：

$$\int_{-1}^{3} \left(\frac{x^2}{6} - x + 3 \right) dx \approx 9.56$$

這個值會出現在「代數區」中。

11-7　不定積分

　　如果我們只是單純想要計算出 f(x) 的「不定積分」，也就是其「反導函數」，那麼指令就更簡短了，我們只要輸入：Integral[f]，系統會自動算出反導函數：x^3/18 - x^2/2 + 3x。

11-8　上下和

　　假設我們要將剛剛所提到的函數 f(x) 從 a 到 b 之間切成 10 等分，然後將每一等分中最大的函數值找出來，並且畫一個長方形面

　　積，這樣一來總共就會有 10 個長方形面積，它們的總和在數學中就稱為「上和」。

　　在 GeoGebra 中要如何畫這樣的上和呢？方法很簡單，只要在命令列中輸入：

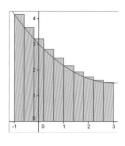

n = 10
UpperSum[f,a,b,n]

這樣就可以了，就這麼簡單！

　　那麼如果我們要畫出「下和」呢？方法一樣簡單，我們只要輸入：

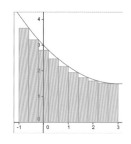

LowerSum[f,a,b,n]

就會得到類似的結果，只是這次找的每個長方形的高，都是每一小段裡面的最小函數值。

　　不管是「上和」也好、「下和」也好，每個長方形的的高度（也就是其函數值），都是由軟體自動找出每一等分的最大值與最小值所在的位置，我們無法任意改變。

　　但是如果在每個等分裡，我們要取「最左邊」的函數值，或

者是「最右邊」的函數值，甚至是每個等分「中點」所在的函數值時，又該如何做呢？

11-9　黎曼和

當我們任取每個等分內的某個函數值當做長方形的高時，這時所得的面積總和稱為「黎曼和」。

我們可以利用 RectangleSum[f,a,b,n,t] 來畫這類的圖形。最後一個參數 t 是用來設定每個等分所要取的點的「相對位置」，這個參數只能介於 0 與 1 之間。例如：

當 t 設為 0 時，表示我們要取「最左邊」的函數值
當 t 設為 0.5 時，表示我們要取「中點」所在的函數值
當 t 設為 1 時，表示我們要取「最右邊」的函數值

例如：假設現在我們有：

f(x) = cos(x) + 2
a = 0, b = 4, n = 5

以下便是各種 t 的設定與相對應的圖形：

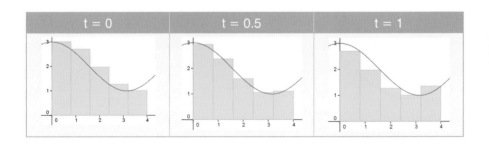

　　另外還有一種在微積分課程裡面通常會介紹的切割方式——利用「梯形」來切割每一等分，GeoGebra 也有相對應的指令：

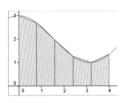

TrapezoidalSum[f,a,b,n]

11-10　函數間面積

GeoGebra 也可以處理兩個函數之間所夾的面積。

例如：假設我們有以下的設定：

$f(x) = \cos(x) + 2$

$g(x) = x^2/4 - 1$

$a = 0$

$b = 4$

　　如果我們要計算出在 a 與 b 之間，兩函數所夾的面積，我們只要輸入：

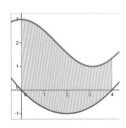

Integral[f, g, a, b]

　　同時在代數區中，會出現它的積分值：

$$\int_a^b (f(x) - g(x))dx$$

此處的面積為「有向面積」，兩函數的順序如果顛倒，所得的積分值也會變號！

 注意：另一個指令 IntegralBetween[f,g,a,b] 也有雷同的功能。還有許多其他微積分相關的指令，請參考官網說明：http://wiki.geogebra.org/en/Function_Commands

Part III

進階技巧

第十二章　製作動畫

在動態幾何軟體中，我們常做的一件事就是去「追蹤」一個動點的位置。對於這類的觀察，GeoGebra 有兩種作法，一種是開啟物件的「蹤跡」（trace），另一種是直接畫出物件的「軌跡」（locus）。

12-1 蹤跡

在繪圖區中，要開啟物件的移動「蹤跡」是比較容易的事情。當物件移動的時候，如果我們要留下它「曾經到過的地方」，也就是所謂的「蹤跡」，這時只要按滑鼠右鍵將它的快顯功能表打開，並點選「顯示移動蹤跡」就可以了。

下面來舉例說明這個作法：

範例12-①：

假設現在有個梯子靠在牆壁上，梯子上有個固定點。當梯子往下滑的時候，這個梯子上的固定點會以什麼方式移動？

　　如果要用 GeoGebra 來回答這個問題，我們必須學會如何解決下面三個問題：

1. 如何畫一個固定長度又可以「靠在牆上」的線段？
2. 如何在線段上取一個固定點？
3. 如何留下一個點的移動痕跡？

　　我們先來解決第一個問題：畫一個靠在牆上的梯子。先利用座標軸充當是牆壁，然後畫一個固定長度、兩端點分別在兩軸上的線段，作圖步驟如下：

 先利用「新點」工具分別在 (0,0)、(4,0)、(0,4) 上點一下。

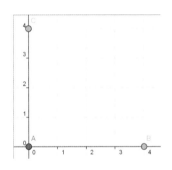

 利用「圓弧」工具按照順序在上圖中的 ABC 三點上各點一下，畫出第一象限的圓弧。

接著再利用「新點」工具在圓弧上點一下。

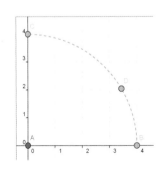

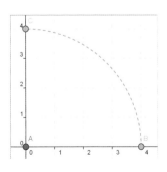

再來，在指令列中直接輸入 D 點在兩軸上的投影點：
「(x(D),0)」、「(0,y(D))」

接著再利用「線段」工具將這兩點連起來。

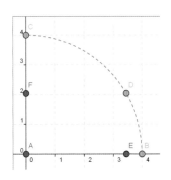 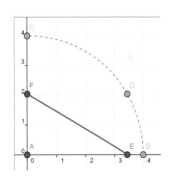

　　到這裡，靠在牆上的梯子已經完成，這時候我們只要用滑鼠拉動圖中的 D 點，此線段就會跟著上下滑動，但長度保持不變。

接下來，我們在此線段上取一個固定點：

 ・假設我們要取此線段上的靠近 F 的「三等分點」，這時利用「分點公式」輸入：「(E+2F)/3」

 注意：不了解「分點公式」的讀者，可利用「伸縮」工具來畫這個點。

 最後我們開啟上圖中 G 點的「移動蹤跡」。

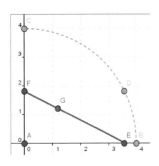

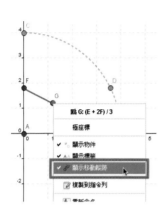

在 G 點上按滑鼠右鍵打開快顯功能表，然後點選「顯示移動蹤跡」。

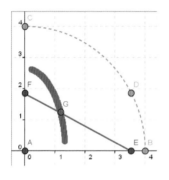

這時候，隨著我們拉動 D 點，G 點所經過的地方就會跟著描繪在繪圖區中。

注意：如果要暫時消除這些痕跡的話，可以點選「檢視」功能表中的「清除所有痕跡」。但如果要永久消除這些痕跡的話，必須再打開 G 點的快顯功能表，然後將「顯示移動蹤跡」關掉。

12-1-1　軌跡

　　像上個例子所畫的「移動蹤跡」必須要用手動的方式拉動某個控制點才會產生，而且它隨時可以抹除。事實上，GeoGebra 有另一個作法可以馬上顯示出一個動點可能到達的所有位置，我們稱為「軌跡」，其作法與上面顯示「蹤跡」的作法幾乎是一模一樣的。

　　因為作法只有最後一個步驟不同，所以我們就只說明這個部分。

假設我們已經完成了上例中的所有作圖。

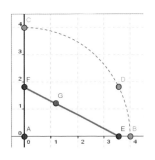

切換到「軌跡」工具，先點選圖中 G
點，再點選 D 點。
這時繪圖區就會出現 G 的軌跡。

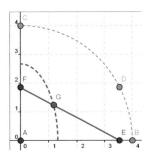

 注意：也可直接使用指令 Locus[G,D]

　　使用「軌跡」工具（或 Locus[] 指令）時，點選物件的順序很重
要，我們必須先點選要顯示軌跡的點，然後再點選其控制點才行，
否則無法順利產生軌跡喔！

 注意：在上例中，G 點稱為「軌跡點」，D 點稱為「控制點」。

　　在這個章節中，不管我們畫的是物件的「蹤跡」還是「軌
跡」，除非我們用滑鼠去拉動控制點，否則整個繪圖區還是靜態
的，沒有任何物件會主動動起來。利用滑鼠或鍵盤來移動某些物
件，我們稱為「手動式」的動畫。

　　事實上，我們還可以在繪圖區中放一個「播放鈕」，讓它啟動某個物件，畫面中的圖就會整個動起來，我們稱這種方式為「自動式」的動畫。

12-1-2　自動播放

　　下面我們為大家舉個例子來說明如何製作這種自動式的動畫。

範例12-②：一支會自動畫圓的鉛筆

　　在這裡我們會教大家畫一個圓，然後在這個圓上再畫一個點，並放一個「鉛筆」的圖檔在這個點上，最後再讓這支鉛筆繞著圓圈轉。

作圖步驟：

　　操作以下步驟時，請先自行準備一個「鉛筆」的圖檔，最好不要超過 200×200 像素，否則會顯得太大。

利用「圓」工具，先畫一個圓。

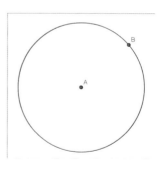

用「新點」工具，在圓上點一個新的點。

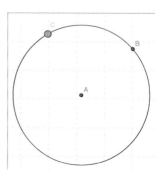

注意：圖中的 B 點與 C 點雖然都在圓上，但是「角色」可不一
樣喔！如果拉動 B 點，整個圓的半徑都會改變，但如果
拉動 C 點的話，圓的大小並不會改變，只有 C 點會在圓
上滑動。

用「插入圖片」工
具，在此 C 點上點一
下，這時會出現選擇
圖檔的視窗：

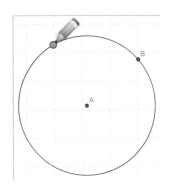

請找出準備好的「鉛筆」圖檔，然
後按「開啟」，完成後這個圖檔就
會附著在 C 點上，跟著 C 點一起
跑。

· 在圓上按滑鼠「右鍵」打開圓的快顯功能表，然後將「顯示物件」的打
勾取消，這樣可以將圓隱藏起來。

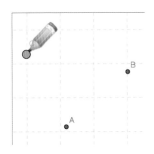

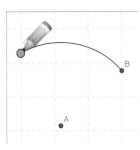

接著，利用
「圓弧」工具
按照順序點選
A、B、C。

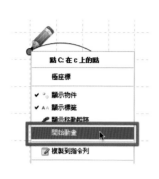

・最後在 C 點上按滑鼠右鍵，然後打開「開始動畫」功能。

・此時，鉛筆就會繞著圈圈跑，看起來就像在畫一個圓的樣子。

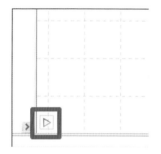

當我們開啟某個物件的動畫功能時，視窗的「左下角」會出現一個「播放／暫停」鈕，我們可以按它來暫停或播放動畫。

上面我們介紹了如何製作動畫的過程，但是大家應該難免還是會有一些疑問，譬如說到底哪些物件可以設定動畫功能？一次可以讓多少個物件啟動動畫功能？能不能調整動畫的速度？關於這些問題，下面我們將一一為大家解說。

12-1-3　動畫設定

只要是數值滑桿、角度，或是在線型物件上的點，都可以設定「開始動畫」功能，而且可以一次設定許多個。

其步驟只要打開「屬性」視窗，切換到「一般」頁面，再勾選「開始動畫」選項就可以了。

個別物件的移動速度與方向也可以在「屬性」視窗中調整，但「數值」與「點」的調整頁面稍有差異：

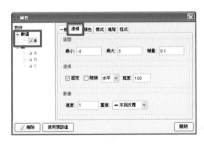

數值物件在「滑桿」頁面

點物件在「代數」頁面

　　除了頁面不同外，數值物件可設定的項目也比較多一些。下面我們來解說它們兩者共同的部分─設定「增量」、「速度」、「重複」（移動方式）。

12-1-4　移動增量

　　這個量就是物件每次移動時的變動量。如果我們要做細膩的觀察，可以將此量設小一點（如：0.01），一般來說，使用其預設的增量（0.1）就可以得到不錯的動畫效果。如果我們希望每次的變動量都是整數，這時可將增量設為 1。

　　這個量也是我們用手動的方式調整變數值或動點位置時所變動的量，只要我們利用「箭頭」工具點選你要變動的物件（數值、角度或動點），然後按鍵盤上的「＋」、「－」鍵（或是「上、下、左、右」鍵也可以），這時物件就會跟著你所按的方向移動，如果按住這些鍵不放，就可手動產生動畫。

　　比較特別的是，如果為「數值」物件，它還有一個「隨機」的選項，若我們勾選這個選項，那麼這個數值就會在最大值與最小值之間隨機地變動喔！

12-1-5　移動速度

　　速度通常預設為 1，但啟動動畫功能之後，真正的移動速度跟電腦的處理速度有關，也就是說，同樣的一個檔案，如果放到比較先進的電腦中，跑起來會比較快；如果在老舊的電腦中，可能就會用龜速的方式緩慢移動，因此多大的數值才算是比較適當的速度，通常需要「一點點的實驗」！

　　在目前的動畫設定過程中，我們不是讓所有的動畫物件一起跑，不然就是一起停下來。但有時我們會遇到一個問題：「該如何讓某個物件停下來，但是其他物件繼續跑？」

　　解決這個問題的答案之一就是在這個「移動速度」的設定上。一般使用者並不曉得，這個地方除了輸入一個「數值」之外，其實

也可以輸入一個「變數」！

　　在下圖中，我們將一個數值 m 的「速度」設定為：

$$If[m<10,3,0]$$

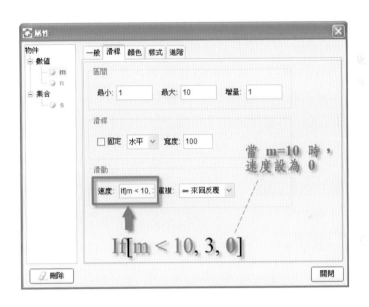

　　這個意思是指當 m < 10 時，用「3」的速度跑，如果 m 到達 10 的話，就將速度設為「0」，這時 m 會停止變化。

　　所以如果學會在「速度」中輸入條件式，我們對動畫的控制能力就會更上層樓！

12-1-6　移動方式

　　這個就是「屬性」視窗中的「重複」選項。我們總共有四種移動方式可以設定。

1. ⇔ **來回反覆**：變數從最小跑到最大，再從最大跑到最小。

2. ⇒ **遞增**：從最小跑到最大，然後直接跳回最小，再從最小跑到最大。

3. ⇐ **遞減**：從最大跑到最小，然後直接跳回最大，再從最大跑到最小。

4. ⇒ **遞增（一次）**：變數從最小跑到最大，然後停止變動。

　　在 GeoGebra 中，還有許多的屬性也跟製作動畫有關，例如圖片的位置、物件的顏色、文字的內容等等，都可以利用我們設定的變數來控制，使得我們的動畫更加活潑生動。

　　下面來介紹一些實際的例子，讓大家可以了解如何設定這些屬性。

12-2　動態位置

　　在 GeoGebra 中，幾乎所有物件的位置都可以是動態的，除了一般的幾何物件以外，還有圖片、文字等，它們設定動態位置的方式都類似，所以我們下面舉個設定圖片動態位置的例子，相信大家就可以舉一反三了。

　　假設我們有一個「時鐘」與一根「秒針」。現在我們希望將這一根秒針放到時鐘上，然後讓它隨著時間變數 t 的改變而轉動，就像一般的時鐘一樣。

　　為了簡化說明，我們只做「秒針」的部分，時針與分針就留給大家自行練習。

另外，為了達到比較好的透明效果，圖檔最好是使用 **PNG** 的格式。以下是實際的作圖步驟：

先輸入原點的位置：O = (0,0)
與時鐘的「半個寬度」：d = 4

 再使用「插入圖片」工具，在繪圖區空白的地方點一下，然後選擇預先準備好的「時鐘」圖檔。

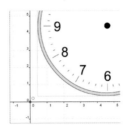

打開時鐘圖檔的「屬性」視窗，切換到「位置」頁面，然後做以下設定，將時鐘調整到正中央。：
頂點 1：「O+d*(-1,-1)」
頂點 2：「O+d*(1,-1)」
頂點 4：「O+d*(-1,1)」

　　到這裡，時鐘的圖檔就會被放到繪圖區的正中央，但「頂點 1、2、4」到底是什麼東西呢？

12-2-1　圖檔的頂點

　　每個放到繪圖區的圖檔，它的四個角落都有固定編號：左下角的編號為 1，然後逆時針繞一圈。

　　那麼為什麼在設定圖檔的頂點時，不用設定第 3 個呢？

　　這是因為 GeoGebra 會自動根據第 1、2、4 個頂點來計算第 3 個頂點，省去我們自己計算的麻煩。不過也正因為 GeoGebra 會自動計算第 3 個頂點，所以不管我們怎們設定一張圖檔充其量也只能變成「平行四邊形」的樣子而已。

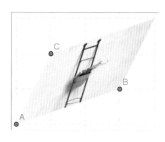

　　說明完圖檔的頂點後，我們要繼續將「秒針」放到時鐘上。

　　這個部分因為需要配合「秒針」圖檔的大小，所以在放上去之前，必須先做一些「精確的計算」。

　　如下圖，我們打算將秒針的圓孔放在原點，其他的相關尺寸分別用 w、h1、h2 等變數來控制。

請看以下的作圖過程：

先輸入上述的尺寸設定：

 輸入：

w = 0.5, h1 = 0.5, h2 = 2。

注意：剛開始尺寸設定不需全正確，後面再手動調整就可以了。

再來輸入要放置秒針的頂點位置：

輸入：

A = O + (-w,-h1)

B = O + (w,-h1)

C = O + (-w,h2)。

接著用「插入圖片」工具將我們預先準備的「秒針」圖檔放入繪圖區中，然後將它的頂點 1、2、4 分別設為 A、B、C。

這時手動調整 w、h1、h2 等變數，讓秒針的比例看起來自然些。

現在我們已經成功將秒針放到時鐘上正確的位置，剩下的問題就是如何讓它隨著時間參數 t 跑。請看以下的作圖步驟：

先用「數值滑桿」工具在繪圖區空白處點一下，設定變數名稱為「t」、最小值「0」、最大值「60」、增量為「1」。

輸入：☐

計算秒針於第 t 秒時所需轉動的度數。

請輸入：$\theta = (-6t)°$。

輸入：☐

・接著將秒針旋轉到第 t 秒所在的位置。請
輸入：

Rotate[pic2, θ, O]

此指令會將 pic2 旋轉 θ 角，旋轉中心為
原點 O。

・如果你沒有改變圖片名稱，秒針的物件
名稱會自動命名為 pic2。

這時圖中會有兩個秒針，一個是原來的
pic2，另一個是旋轉後的秒針。做完此步驟
後，請將原來的秒針隱藏起來。

・最後打開 t 的快顯功能表，然後啟動「開
始動畫」功能。

・如果覺得秒針移動的速度太快或太慢，
可以調整 t 的移動速度。

　　相信經過這個例子之後，大家應該對「動態位置」有相當的瞭
解了吧？還有，你是否已注意到：在 GeoGebra 中，可以旋轉的不只
有一般的幾何物件，連圖片物件都可以旋轉喔！

12-3　動態色彩

　　在動畫的製作過程中，除了圖形活蹦亂跳之外，當然色彩也要
繽紛才行。下面我們為大家介紹如何利用變數來控制物件顏色。

　　這次的目標是要製作一個會來回移動的線段，它的顏色是由它
所在的位置控制，再加上我們最後會打開此線段的「移動蹤跡」，

因此就可以畫出如下圖的七彩緞帶。

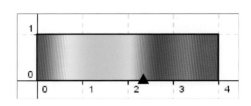

　　現在讓我們開始作圖：

 輸入：

先輸入長方形的頂點：
A = (0,0)、B = (4,0)、C = (4,1)、D = (0,1)。

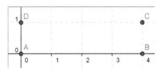

接著利用「多邊形」工具畫出長方形 ABCD。

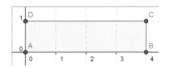

再用「新點」工具在 AB 線段上點一下，產生一個新的點 E。

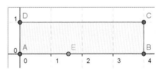

輸入：

再輸入指令：
F = (x(E),1)
畫出 E 上方的點。

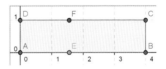

然後切換到「線段」工具，將 EF 連起來。

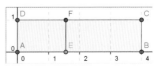

　　到這裡已經完成大部分的準備工作，接下來就是這個例子最關鍵的部分。我們可以為線段 EF 畫上繽紛的色彩！

　　先打開線段 EF 的屬性視窗，然後切換到「進階」頁面：

　　在這個頁面中，動態色彩共有三種設定模式：RGB、HSV、HSL，這些英文字母都是縮寫，它們的全名列於下方供大家參考：

- R：Red，紅色。
- G：Green，綠色。
- B：Blue，藍色。
- H：Hue，色相。
- S：Saturation，飽和度。
- V：Value，明度。
- L：Lightness，亮度。

　　在 GeoGebra 中，這些數值都介於 0～1 之間，要完全瞭解這些數值的意義，恐怕要學一些色彩學才行。

　　不過，在這個範例中，我們選用「HSV」模式，然後設定如下：

1. **色相**：改為「x(E)/4」。色相主要是用於設定不同的顏色，如紅、橙、黃、綠等等。因為 E 點的 x 座標介於 0～4 之間，所有我們將 x(E) 除以 4 以便讓這個「色相」值落於 0～1 之間。
2. **飽和度與值（明度）**：均設為「1」，讓色彩飽和又明亮。

　　設完線段的動態色彩後，切換到屬性「一般」頁面，然後將「顯示移動痕跡」打勾，這樣一來，它所移動過的地方就會留下顏色。

最後打開 E 點「開始動畫」功能，這時漂亮的七彩圖形就會呈現在眼前。

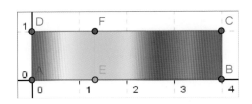

12-4　動態文字

我們可以在繪圖區中放入各種文字，這些文字可以是來自代數區中的變數、線段長、多邊形面積、曲線方程式，甚至是其他指令所算出來的字串或數字，這些會變動的文字，統稱為「動態文字」。

下面我們舉個簡單的例子。

假設繪圖區已經有個直角三角形，這時如何在它的三邊旁各放上一個標示其邊長的文字方塊（如右圖）？尤其是我們如何讓斜邊以「開根號」的形式顯示？

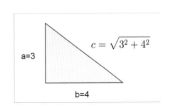

請看以下的作圖示範：

先畫出一個直角三角形。在代數區應該可以看到它的三頂點、三邊長與面積。

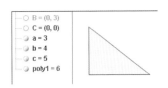

・接著切換到「插入文字」工具，
　然後在 a 邊旁的空白處點一下。
・這時會出現一個視窗（如右
　圖），請在「編輯」區輸入：
　「a=」。

・至於 a 邊的真正長度因為是個
　「變數」，不能直接用鍵盤輸
　入，這時要利用「物件」選單來
　選擇。請選擇裡面的「a」。
・這時你會發現在編輯區中，這個
　a 四周多了一個框框，這個框框
　是用來提示我們這個 a 是一個變
　數，而不是一個靜態的文字。

b 邊的文字也請用同樣的方式完
成。
這時如果我們改變三角形頂點的位
置，我們會發現標示的文字真的會
跟著改變。

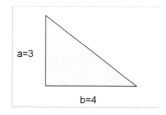

ABC

再來，我們來看較複雜的 c 邊。
請先在編輯區輸入：「c=」。

接著我們要輸入「根號」。輸入特殊的數學符號時，必須將「LaTeX 數學式」打勾。

請在數學式選單中選擇「分數與次方」類，裡面會有「√x」這個選項，請點選它。

這時編輯區會出現奇怪的編碼：
「\sqrt{x}」
但下方的預覽區會出現正常的「開根號」符號。
這些奇怪的編碼稱為 LaTeX 碼，常用於專業排版，GeoGebra 也是利用這個系統來輸入數學符號。

我們先在編輯區中將 \sqrt{x} 中的 x 刪除。

· 接著在「物件」下拉式選單中選取 a。
· 我們同時可以觀察下面的預覽區中所出現的文字。

· 緊接著在變數 a 後面輸入「^2」。
· GeoGebra 用「^」符號來輸入次方，LaTeX 排版系統也是。

· 最後請用同樣的方式輸入「+b^2」，然後按「關閉」即可。
· 這裡的 b 是個變數。

　　在文字的編輯區中，只要我們巧妙地運用「物件」下拉式選單中的變數，就可以輕鬆地製造許多的動態文字。

12-4-1　變數方塊

　　事實上，在文字編輯區中的「變數方塊」還隱藏了一個小秘密，那就是我們還可以進入這個小框框中，輸入我們想輸入的任何計算式或指令喔！

請看以下的示範：

假設現在我們輸入了一個變數方塊 a。

然後將滑鼠游標放入這個變數方塊中，開始輸入：a^2 + b^2

當內部的算式正確時，下面「預覽」的部分就會顯示正常的結果。

若內部的算式不完整或錯誤時，下面「預覽」的部分就會顯示「無效的輸入」，但不用擔心，只要繼續輸入或更正錯誤就好。

輸入完成後，請按「確定」跳出。

　　這個例子主要是要告訴大家，一旦我們在文字的編輯區中輸入了某個變數，我們就可以進入這個變數中「為所欲為」，將它改造成任何計算式，甚至改到沒有原來那個變數也可以！

　　例如：如果我們輸入變數方塊「a」，我們可以將它的內容改成：「b^2+c^2」（當然，你的代數區中必須要有 b、c 這兩個變數才行！）。

12-4-2　LaTeX 數學式

　　雖然在 GeoGebra 中可以顯示包含數學式的文字方塊，但因為 GeoGebra 是利用 LaTeX 系統來顯示數學式，所以如果我們要掌握

數學式的輸入方式，勢必要了解一些 LaTeX 排版碼的格式才行。因此，我們在下面列出一些常見的數學符號與其相對應的 LaTeX 排版碼。

數學式	LaTeX	說明
a^2	a^2	次方（上標）。
a_3	a_3	標號（下標）。
a_3^2	a_3^2	上下標一起來。
a^{x+y}	a^{x+y}	如果某個位置（如上標）要輸入一個文字以上時，必須用「大括號」刮起來。
$\dfrac{a}{b}$	\frac{a}{b}	分數的格式：\frac{}{} 前面的大括號放「分子」 後面的大括號放「分母」。
$\sqrt{x}$	\sqrt{x}	開根號格式：\sqrt{}。
$\sqrt[n]{x}$	\sqrt[n]{x}	n 次方根。 注意：次方的部分是用「方括號」來指定，不是用大括號喔！
$\sum\limits_{k=1}^{n} k^2$	\sum_{k=1}^n k^2	加總格式：\sum_{}^{} 其中底標為 _{} 上標為 ^{}。
$\overline{AB}$	\overline{AB}	線段符號：\overline{}。
$\pm$	\pm	正負號。

範例12-③：

　　假設我們要顯示下列數學式：

$$x = \frac{-b \pm \sqrt{b^2 - 4ac}}{2a}$$

　　這時必須在文字的編輯區中輸入：

　　x = \frac{-b\pm\sqrt{b^2-4ac}}{2a}

　　要利用 LaTeX 碼來輸入數學式並不是一件容易的事，所幸我們並不需要強記這些複雜的東西，大部分常用的排版碼 GeoGebra 都有提供，我們只要打開「LaTeX 數學式」選單，裡面通常可以找到我

們要用的數學符號，與其相對應的排版碼。

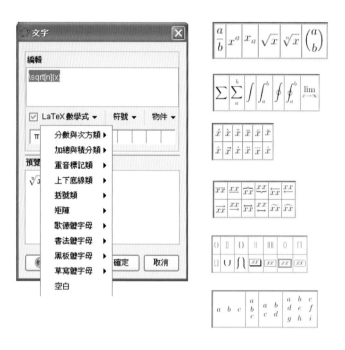

　　如果你要用的數學符號剛好沒有列在這裡面，也不用太傷心，只要你找得到那個數學符號的 LaTeX 碼[1]，你還是可以直接輸入文字的編輯區中，GeoGebra 通常會接受的。

註：1. 如果要深入了解 LaTeX，建議大家先查閱維基百科：
　　　http://zh.wikipedia.org/wiki/Help:數學公式

Part III

進階技巧

第十三章　自製工具

　　GeoGebra 雖然有大量的內建工具與指令，但我們在作圖時，畢竟還是會發生無工具可用的窘境，此時並不需擔心，因為我們還有使用「自製工具」的選項，我們可以根據自己想要的功能，自行設計需要的工具。

　　下面我們介紹一個例子，讓大家了解自製工具的過程。

範例13-①：

・自製工具「星星」

　　在這個例子中，我們將帶大家來做一個新的工具：「星星」，完成後，只要用滑鼠在繪圖區中點兩點，就會自動畫出一個星星的形狀。

・作圖步驟：

1. 使用「正多邊形」工具，在繪圖區空白處點兩個點，然後在跳出的視窗中輸入「5」，表示我們要畫一個正五邊形。

2. 接著，利用「線段」工具，將五條對角線連起來。

3. 再利用「交點」工具將對角線的五個交點畫出來。

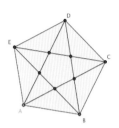

4. 從「編輯」功能表中打開「屬性」視窗，然後分別點選「五角形」與「線段」兩種類別，並將「顯示物件」打勾取消，隱藏五邊形與所有的線段。

5. 再利用「多邊形」工具，按照順序將「星星」的頂點連起來。記得最後要連回第一個頂點喔！

6. 再來，選擇「工具」功能表中的「新增自製工具」，然後在「輸出物件」中選擇「多邊形 poly2」。

7.　接著按「下一步」到「輸入物件」頁面，基本上此頁不需做任何改變。請再按「下一步」到「名稱與圖示」頁。請在「工具名稱」中輸入「star」，在「工具說明」中輸入「star[A, B]」，然後按「完成」。這樣，我們就完成了一個新工具，而且它會出現在工具列的最右方。

8.　現在我們可以點選此工具，然後在繪圖區中自由點選兩個點，就可畫出星星的形狀。我們也可以輸入指令，例如：
star[(1,1),(2,1)]

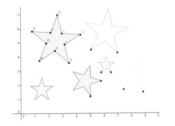

　　從這個例子，我們可以看到一個事實：當一個自製工具完成後，會產生兩個東西，一個是工具列上的新工具，另一個則是新指令，這兩個東西都可以讓我們快速地畫出新的物件。如果我們善於設計新工具，GeoGebra 的功能將可無限擴充！

Part IV

附錄

一、快速鍵

1. 希臘字母與數學符號

　　「Alt + 某鍵」和「Alt + Shift + 某鍵」可以快速產生一些希臘文字或數學符號，這些快速鍵可以使用於指令列或物件屬性視窗中。

快速鍵	alt	alt + ⇧	備　註
A	α		
B	β		
D	δ	Δ	
E	e		尤拉數 $\doteqdot 2.718281...$。
F	φ	Φ	
G	γ	Γ	
I	i		複數單位 $\sqrt{-1}$。

快速鍵	alt	alt + ⇧	備　註
L	λ	Λ	
M	μ		
O	$\circ$		角度單位。
P	π	Π	圓周率$\doteqdot 3.1415926...$。
S	σ	Σ	
T	θ	Θ	
W	ω	Ω	
0~9	0...9		「Alt+0~9」 用於輸入次方。當然你也可以直接用 x^n 這樣的格式。
8		$\otimes$	外積的運算符號。
=	$\neq$		
,	$\leq$		
.	$\geq$		

2. 視窗操作

・平移繪圖區

按住「滑鼠左鍵」拖曳空白處，可以平移整個座標系。

· **縮放座標軸**

用「Shift+滑鼠左鍵」拖曳 x 軸或 y 軸，就可以改變它的刻度比例。

· **縮放繪圖區**

用滑鼠的「滾輪」可以縮放整個座標系。

· **縮放繪圖區**

快速鍵「Ctrl +/-」也可以縮放整個座標系，功能類似滑鼠滾輪。

· **移動物件**

不管你目前用的是哪一個工具，只要用「滑鼠右鍵」就可以拖曳任何物件，不用切換回「箭頭」工具。

· **切換回「箭頭」工具**

不管你正在使用哪個工具，只要按「Esc」，就會馬上回到此工具。

3. 指令列

· **切換到指令列：**

在任何時候按「Enter」鍵可以快速在切換到指令列與繪圖區。

· **顯示指令列的歷史紀錄**

先將游標移至指令列，可以使用鍵盤的上下鍵↑和↓，一步一步瀏覽先前輸入的指令。

・複製物件定義到指令列

利用「Alt + 滑鼠左鍵」點選代數區裡的任何一個
物件，就可以將此物件的定義複製到指令列中。例
如：A = (4, 2)、c = Circle[A, B] 等等。

如果要對此物件做一些小修改，或修改完這個定義
後，要產生新的物件，這個快速鍵可以讓我們更有
效率。

4. 物件操作

・打開物件「屬性」視窗

在任何時候按「Ctrl + E」，都可以打開物件「屬
性」視窗，這個快速鍵對常常需要修改物件屬性的
使用者來說，是非常方便的，作者本人幾乎無時無
刻都在按這個快速鍵喔！

・個別選取多個物件

這個「Ctrl+箭頭工具」快速鍵，可以用於繪圖區、
代數區、物件屬性視窗，甚至是試算表中。使用的
時候，只要分別點選你要的物件即可。

・塊狀選取多個物件

「Shift+箭頭工具」雖然也是可以同時選取多個物
件，但是跟上面的快速鍵不一樣的是，它不能用於
繪圖區中，在其他的代數區、試算表、屬性視窗中
使用的時候，只要先選第一個，再選最後一個，在
這兩個物件之間的所有物件會被自動選取。

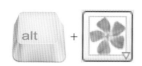

・貼入圖片

快捷鍵「Alt + 插入圖片」，可以將圖片從剪貼簿中
直接貼至繪圖區。

使用此快速鍵的前提是：你必須已經先從其他地方
複製一張圖到系統剪貼簿中才行。

5. 檔案操作

・存檔

在任何時候按「Ctrl + S」，就會馬上存檔。

Part IV

參考資料

1. GeoGebra 官網

   http://www.geogebra.org/

2. GeoGebra 線上說明

   http://wiki.geogebra.org/

3. GeoGebra 討論區

   http://www.geogebra.org/forum/

4. 學習 GeoGebra

   https://sites.google.com/a/ymsh.tp.edu.tw/geogebra/

5. GeoGebraTube

   http://www.geogebratube.org/

6. 開發團隊成員

   http://www.GeoGebra.org/cms/en/team

7. LaTeX

   http://zh.wikipedia.org/wiki/Help:數學公式

8. 蝴蝶曲線

   http://mathworld.wolfram.com/ButterflyCurve.html

Part IV

附錄、參考資料及索引

附錄

參考資料

▶ 索引

索　引

二、中文索引

國家圖書館出版品預行編目資料

GeoGebra幾何與代數的美麗邂逅／羅驥韡著.
－－二版.－－臺北市：五南圖書出版股份
有限公司, 2017.01
　面；　公分.－－（研究&方法）
ISBN 978-957-11-8972-7（平裝）

1.幾何　2.代數　3.電腦軟體

316.029　　　　　　　　105024044

5DG4

GeoGebra幾何與代數的美麗邂逅（第二版）

作　　者 — 羅驥韡

發 行 人 — 楊榮川

總 經 理 — 楊士清

總 編 輯 — 楊秀麗

副總編輯 — 王正華

封面設計 — 小小設計有限公司

出 版 者 — 五南圖書出版股份有限公司

地　　址：106台北市大安區和平東路二段339號4樓

電　　話：(02)2705-5066　　傳　　真：(02)2706-6100

網　　址：https://www.wunan.com.tw

電子郵件：wunan@wunan.com.tw

劃撥帳號：01068953

戶　　名：五南圖書出版股份有限公司

法律顧問　林勝安律師

出版日期　2013年6月初版一刷
　　　　　2015年2月初版二刷
　　　　　2017年1月二版一刷
　　　　　2023年3月二版三刷

定　　價　新臺幣400元

經典永恆・名著常在

五十週年的獻禮——經典名著文庫

五南，五十年了，半個世紀，人生旅程的一大半，走過來了。
思索著，邁向百年的未來歷程，能為知識界、文化學術界作些什麼？
在速食文化的生態下，有什麼值得讓人雋永品味的？

歷代經典・當今名著，經過時間的洗禮，千錘百鍊，流傳至今，光芒耀人；
不僅使我們能領悟前人的智慧，同時也增深加廣我們思考的深度與視野。
我們決心投入巨資，有計畫的系統梳選，成立「經典名著文庫」，
希望收入古今中外思想性的、充滿睿智與獨見的經典、名著。
這是一項理想性的、永續性的巨大出版工程。
不在意讀者的眾寡，只考慮它的學術價值，力求完整展現先哲思想的軌跡；
為知識界開啟一片智慧之窗，營造一座百花綻放的世界文明公園，
任君遨遊、取菁吸蜜、嘉惠學子！